Musabekova Araylym

PRODUÇÃO VEGETAL

Musabekova Araylym

PRODUÇÃO VEGETAL

Livro de texto

ScienciaScripts

Imprint

Cover image: www.ingimage.com

This book is a translation from the original published under ISBN 978-620-7-48566-6.

Publisher:
Sciencia Scripts
is a trademark of
Dodo Books Indian Ocean Ltd. and OmniScriptum S.R.L publishing group

120 High Road, East Finchley, London, N2 9ED, United Kingdom
Str. Armeneasca 28/1, office 1, Chisinau MD-2012, Republic of Moldova, Europe
Managing Directors: Ieva Konstantinova, Victoria Ursu
info@omniscriptum.com

Printed at: see last page
ISBN: 978-620-8-51737-3

Conteúdo

Doutoramento. Musabekov Aidos Tumenbaevich, professor catedrático do Departamento de Microbiologia e Biotecnologia, Vice-Decano para o Trabalho Académico da Faculdade de Tecnologia da Água, Universidade de Investigação Agrotécnica do Cazaquistão com o nome de Saken Seyfullin.
D.B.Sc. Abzhalelov Akhan Begmanovich Professor do Departamento de Gestão e Engenharia no domínio da proteção ambiental na Universidade Nacional Eurasiática L.N. Gumilev.

O livro descreve as caraterísticas botânicas e biológicas das principais culturas de campo, bem como as tecnologias do seu cultivo. Destina-se a estudantes de faculdades de agronomia que estudam nas especialidades "Agronomia", "Agroquímica e Ciência do Solo". Pode ser utilizado por estudantes de especialidades agronómicas de instituições de ensino superior.

INTRODUÇÃO

A produção de cereais é a base do complexo agroindustrial. O grão é utilizado para a produção de géneros alimentícios (farinha, pão, produtos de confeitaria, cereais), alimentos para animais e é uma matéria-prima para a indústria na produção de álcool, amido e outros produtos. O Cazaquistão é um dos maiores produtores de cereais da CEI.

A produtividade das culturas e a qualidade do rendimento dependem de muitos factores. Os rendimentos e a qualidade mais elevados são obtidos sob o efeito combinado de condições óptimas de crescimento e desenvolvimento das plantas, muitas das quais não são reguladas, mas algumas das quais podem ser tidas em conta na prática através da escolha correta dos métodos tecnológicos de cultivo. A este respeito, é necessária uma compreensão clara dos factores e condições ambientais, das exigências da biologia das plantas em relação a esses factores e das técnicas destinadas a satisfazer essas exigências, a fim de obter rendimentos elevados de boa qualidade com um mínimo de factores de produção.

O objetivo deste trabalho é dominar os fundamentos teóricos e as competências práticas na seleção e aplicação de certos métodos tecnológicos na cultura de grandes culturas.

É dada especial atenção às principais culturas arvenses cultivadas no Cazaquistão. A este respeito, o conhecimento dos especialistas sobre as particularidades biológicas que permitem, tendo em conta as condições climatéricas de um determinado ano, aplicar métodos tecnológicos que proporcionam condições mais favoráveis para o crescimento e o desenvolvimento das plantas das culturas arvenses é de particular importância.

A PRODUÇÃO VEGETAL COMO RAMO PRODUÇÃO AGRÍCOLA

Um dos problemas mais difíceis do nosso tempo é o fornecimento de alimentos à população. Hoje em dia, a fome não é um espetro, mas uma ameaça real para 1/3 da população mundial. De acordo com as estimativas da FAO, nos países desenvolvidos há 3000 kcal por 1 habitante por dia, e nos países em desenvolvimento - 2150 kcal, no primeiro caso - 116% da norma, no segundo - 93%. Para além da fome aparente, existe a chamada fome oculta, ou seja, a falta de proteínas nos alimentos, especialmente de origem animal. Em muitos aspectos, a solução deste problema depende da agricultura, que é representada por dois ramos - a produção vegetal e a criação de animais. A produção vegetal fornece 88% das necessidades energéticas das pessoas (hidratos de carbono, gorduras) e 80% das proteínas. A nível mundial, os produtos vegetais representam 90 por cento da dieta humana.

A produção vegetal é um ramo da agricultura, cuja principal tarefa consiste em cultivar plantas para produzir produtos destinados a satisfazer as necessidades alimentares humanas, a alimentação animal, as matérias-primas para a indústria transformadora e, num futuro próximo, os produtos vegetais são uma fonte alternativa e renovável de energia.

A produção vegetal é a ciência das plantas cultivadas, das suas exigências biológicas às condições ambientais, dos métodos e técnicas para satisfazer essas exigências e do cultivo rentável de rendimentos máximos de alta qualidade. Cerca de 20 mil espécies de plantas são cultivadas em todo o mundo. A fitotecnia, enquanto ciência, estuda cerca de 90 espécies pertencentes à cultura de campo.

O objeto de estudo da Fitotecnia são as plantas que criam matéria orgânica a partir de matéria inorgânica (água e CO_2) através do processo de fotossíntese, utilizando a energia do sol.

Os métodos de investigação são o campo, a vegetação, o laboratório e a experiência de produção.

Sobre o desenvolvimento do cultivo de plantas e o seu estado atual. O homem começou a cultivar plantas há 6-8 mil anos na Síria, Egito, Índia e China. A recolha de plantas silvestres foi substituída por uma agricultura primitiva, em que a força muscular humana e animal era utilizada para impulsionar ferramentas.

No período moderno, o desenvolvimento da produção vegetal seguiu a via extensiva, quando o aumento da produção bruta se deveu a um aumento da área cultivada. Um exemplo de desenvolvimento extensivo é o desenvolvimento de terras virgens, quando a área total semeada na URSS aumentou de 203 para 211,5 milhões de hectares. Foi criada uma grande base de produção de cereais no país. Paralelamente, na década de 80, os métodos de agricultura intensiva - a introdução de avanços científicos, novas variedades, maquinaria de alto rendimento, adubos minerais, meios químicos de proteção das plantas - permitiram aumentar o rendimento das culturas de cereais de 10 para 17 c.ha na URSS. Mas se antes um rendimento de 16 centavos de peso/ha era considerado generoso, então, segundo os padrões mundiais, é atualmente um nível de rendimento baixo, comparado com os 40-50 centavos de peso/ha que, em média, se obtêm anualmente na Europa Ocidental e nos EUA. Este nível de rendimento das culturas cerealíferas, não só nos países desenvolvidos mas também em alguns países em desenvolvimento, foi atingido em resultado da chamada "revolução verde" na segunda metade do século XX, quando foram desenvolvidas variedades de culturas cerealíferas, especialmente sensíveis a doses crescentes de fertilizantes minerais, de caule curto e sem acamamento, com um rendimento de 40-50 cêntimos por hectare. O seu cultivo exigia grandes gastos de energia para assegurar condições óptimas (fertilizantes, irrigação, meios de proteção). Os tractores de 50 cv foram substituídos por tractores de 100 cv. Se no início do século a duplicação do rendimento das culturas custava 3-4 vezes o consumo de energia, no final do século o mesmo crescimento exige 5-10 vezes o consumo de energia para a produção.

Se antes os rendimentos mais abundantes eram obtidos em chernozems, agora - na Europa Ocidental, onde os solos não se distinguem por uma elevada fertilidade natural, devido à utilização de fertilizantes minerais, cuja quantidade aumentou dezenas de vezes, e o rendimento - 2-3 vezes. Os peritos estimam que cerca de 1/3 da colheita é morta pelo "fogo verde" - ervas daninhas e pragas. O custo da defesa aumentou 20 vezes, enquanto o rendimento aumentou 3 vezes.

Como resultado, verifica-se que a agricultura primitiva dos países asiáticos e africanos que utilizavam o trabalho manual recebia 10-20 kcal por 1 kcal gasta, enquanto o coeficiente de conversão de energia (conversão) pela agricultura mecanizada acaba por ser 2-3. Além disso, pode ser de 0,3-0,5, ou seja, para produzir 1 kcal de alimento será necessário gastar 2-4 kcal de energia.

A principal tarefa atual é tornar a agricultura menos intensiva em energia. As principais direcções do seu desenvolvimento são a poupança de energia e de recursos, uma intensificação razoável que não perturbe o equilíbrio do ambiente, bem como a biologização da agricultura. As principais formas de produção de culturas alternativas biológicas e adaptáveis são a utilização mais alargada de fertilizantes orgânicos, bem como técnicas que aumentam a fertilidade do solo. Em vez de produtos fitossanitários químicos, os biológicos são utilizados de forma mais intensiva. É necessária uma maior difusão de culturas que mantenham e reproduzam a fertilidade do solo.

1. CARACTERIZAÇÃO GERAL CULTURAS DE CEREAIS

Os pães de cereais incluem:

- trigo mole (Triticum aestivum L.), trigo duro (Triticum durum Desf.), cevada (Hordeum vulgare L.), aveia (Avena sativa L.), centeio (Secale cereale L.), triticale (Triticosecale Witt- mach) - pães do grupo I;
- milho (Zea mays L.), painço (Panicum miliaceum L.), sorgo (Sorghum vulgare L.), arroz (Oryza sativa L.) - pães do grupo II (quadro 1). Pertencem à família das gramíneas (Poaceae).

Quadro 1

Diferenças genéricas dos pães dos grupos I e II

Sinais	Pão Grupo I	Pão Grupo II
1. Presença de um sulco longitudinal na face ventral do grão	Disponível	Ausente
2. Número de raízes germinais aquando da germinação do grão	3-8	1
3. Desenvolvimento das flores na espigueta	As flores inferiores são mais desenvolvidas	As flores superiores são mais desenvolvidas
4. exigente em termos de calor	Baixa	Elevado
5. Requisitos de humidade	Elevado	Baixa
6. Disponibilidade de formulários de inverno e de primavera	Há culturas de inverno e de primavera	Só estão disponíveis culturas de primavera
7. Desenvolvimento nas fases iniciais	Rápido	Lento
8. Fotoperiodismo	Plantas de dia longo	Plantas de dia curto

1.1 Estrutura anatómica do grânulo

O fruto dos pães de grão é um grânulo coberto de bainhas de sementes e de frutos, que estão fundidas com as sementes e constituem 5-7% do peso do grânulo. Nos pães de película, o pedúnculo é também coberto por escamas florais. Sob o revestimento da semente encontra-se o endosperma com uma reserva de nutrientes (70-85% do peso do grão). A camada exterior do endosperma - aleurona - é constituída por uma fila de células (3-5 filas na cevada), ricas em substâncias azotadas e enzimas que promovem a germinação do grão (Fig. 1).

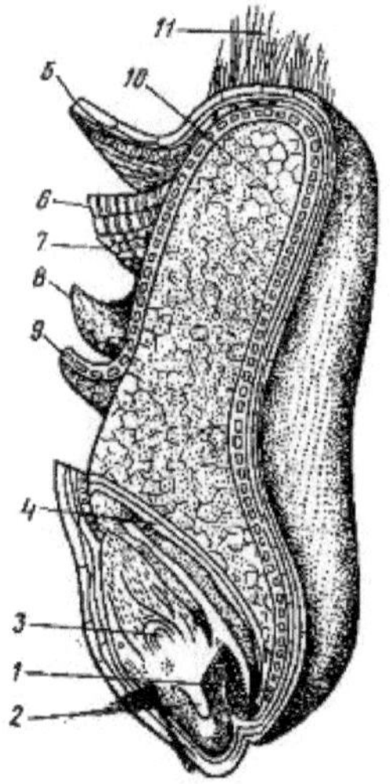

Figura 1. Secção transversal de um grão de trigo:

1 - um feto;
2 - raízes rudimentares;
3 - rim;
4 - painel de controlo;
5 e 6 são conchas fetais;
7 e 8 são os casacos de sementes;
9 - camada de aleurona;
10 - endosperma;
11 - tufo

A parte interna do endosperma é pulverulenta e está cheia de grãos de amido, entre os quais se depositam proteínas. Na base do grão encontra-se o embrião (2-12% do peso do grão). O embrião é constituído por uma raiz germinal, um pedúnculo e um rebento com folhas rudimentares. Entre o embrião e o endosperma existe um escudo - a única vagem modificada da semente (Fig. 1). As caraterísticas distintivas dos grãos de cereais são apresentadas no quadro 2 e na figura 2.

Caraterísticas distintivas dos grãos de cereais

Quadro 2

Cultura	Cativeiro	Forma	Superfície	Colorir	Crista
No peito do grupo I, existe um sulco na face ventral					
Trigo	Normalmente nua.	Oval, ovoide	Suave	Branco ou vermelho	Existe ou é fracamente
Centeio	Nua	Alongado, pontiagudo em direção à base	Finamente enrugado	Esverdeado ou amarelado	Disponível
Cevada	Filamentosas, escamas fundidas com o grão, menos frequentemente nuas	Elíptico, pontiagudo nas extremidades	As películas mostram uma neuralização longitudinal em relevo	Amarelo ou preto	Ausente
Aveia	Filiformes, escamas não fundidas com o grão, raramente nuas	Alongado, afunilando em direção ao topo	Liso em películas, sem películas com pêlos	Branco, amarelo, castanho	Está bem definido
Os pães do grupo II não apresentam sulco na face ventral do grão					
Milho	Nua	Arredondado, facetado	Liso, enrugado	Branco, amarelo, diversos	-
painço	Filiforme, as escamas não estão fundidas com o grão	Arredondado	Suave, brilhante	Branco, amarelo, vermelho	-
Sorgo	Cinema ou nudez	Arredondado	Suave, brilhante	Branco, amarelo, castanho, preto.	-
Arroz	Filamentosas, escamas florais fundidas com o grão	Oval alongado, achatado.	Estriado longitudinalmente	Amarelo palha, castanho	-

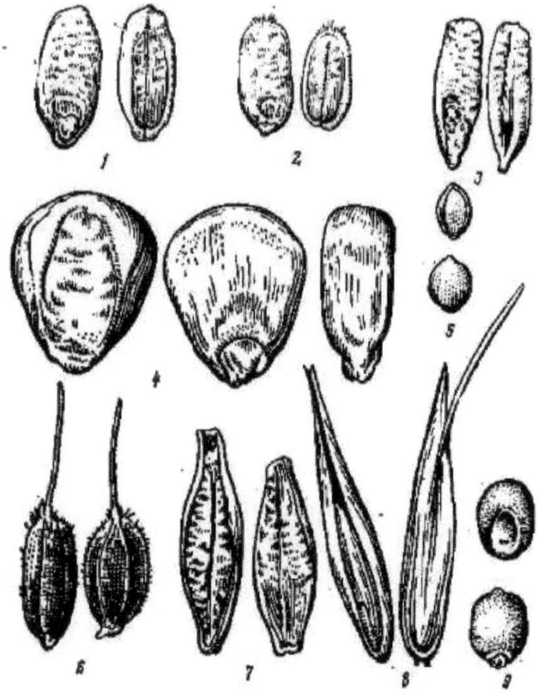

Figura 2. Grãos de cereais para pão:
1 - trigo duro; 2 - trigo mole; 3 - centeio;
4 - milho; 5 - painço; 6 - arroz; 7 - cevada; 8 - aveia;
9 - sorgo de grão

1.2 Composição química dos grãos de cereais para panificação

A composição química do grão depende da espécie e da variedade da cultura, das condições de cultivo e dos produtos agrotécnicos (quadro 3).

O conteúdo principal do grânulo é constituído por hidratos de carbono (substâncias extractivas sem azoto - BEV), representados principalmente por polissacáridos, sendo a maior parte deles (63-74%) constituída por amido. Este está contido no endosperma sob a forma de grãos de amido. A quantidade restante de hidratos de carbono é representada por açúcares (2-3%) - principalmente no gérmen.

Quadro 3

Composição química dos grãos de cereais para panificação, % de matéria seca absoluta (ADM)

Cultura	Proteínas	Hidratos de carbono	Gorduras	Cinzas	Fibra
Trigo mole	13,9	79,9	2,0	1,9	2,3
Trigo duro	16,0	77,4	2.1	2,0	2,4
Centeio	12,8	80,9	2,0	2,1	2,4

Cevada	12,2	77,2	2,4	2,9	5,2
Aveia	11,7	68,5	6,0	3,4	11,5
Milho	11,6	78,9	5,3	1,5	2,6
Arroz	7,6	72,5	2,2	5,9	11,8
painço	12,1	69,8	4,5	4,3	9,2

A parte mais valiosa do grão é também representada pelas proteínas. O trigo duro e mole é o mais rico em proteínas.

As proteínas são constituídas por aminoácidos. Quanto mais aminoácidos essenciais (valina, lisina, triptofano, metionina, leucina, etc.) estiverem presentes na composição da proteína, mais valiosa é a proteína para fins de alimentação humana e animal.

As proteínas são complexas (lipoproteínas, nucleoproteínas) e simples (albumina - proteínas solúveis em água, globulinas - proteínas solúveis em soluções fracas de sais neutros, gliadinas - solúveis em álcool a 70-80%, gluteninas - solúveis em soluções fracas de ácidos e álcalis). As mais valiosas são as gluteninas e as gliadinas. A melhor proporção para a cozedura é de 1:1.

As proteínas que são insolúveis em água são designadas por proteínas do glúten. O glúten é um coágulo de substâncias proteicas que permanece depois de a massa ter sido lavada do amido e de outros constituintes. O sabor e as qualidades de cozedura da farinha dependem da quantidade e da qualidade do glúten no grão. O teor de glúten bruto do trigo é de 16-52%, do centeio - 8-26, da cevada - 16-20, do triticale - 2844%.

O bom glúten estica-se em comprimento sem se rasgar, resiste ao estiramento.

O teor de proteínas e glúten no grão de todos os pães aumenta quando se passa de norte para sul e de oeste para leste, à medida que aumenta a secura do clima e o teor de azoto no solo. Por exemplo, no Território de Altai, na estepe, o grão de trigo é formado com um teor de proteínas de 15%, glúten - 32, e no sopé de Salair - proteína 12, glúten - 22%.

Os seguintes métodos agrotécnicos aumentam o teor de proteínas e de glúten do grão 1) colocação sobre os melhores antecessores (pousio, gramíneas leguminosas perenes, leguminosas); 2) aplicação de adubos azotados, matéria orgânica, alimentação foliar com ureia na fase de espiga - enchimento do grão; 3) proteção das plantas contra doenças e pragas, especialmente contra o percevejo da tartaruga; 4) colheita na fase de maturação cerosa; 5) prevenção da germinação do grão e dos danos causados pela geada.

O teor de gordura dos grãos de cereais varia entre 2 e 6%. A gordura é mais abundante no gérmen. Se o teor de gordura do grão for elevado, por exemplo, em culturas como o milho, o painço e a aveia, a farinha

queima rapidamente e é mal armazenada. Por esta razão, o gérmen é retirado do milho antes da moagem, a partir do qual se prepara o óleo de milho.
O grão inclui cinzas (de 2 a 5,9 por cento). Trata-se de substâncias minerais ou cinzas (fósforo, potássio, cálcio, sódio, ferro, silício, enxofre, etc.). As vitaminas dos cereais são representadas principalmente pelo grupo B.

1.3 Estrutura e desenvolvimento dos grãos de cereais

O rendimento é formado no processo de crescimento e desenvolvimento da planta. O crescimento é a adição de massa seca da planta no processo de assimilação. O desenvolvimento é a formação de órgãos especializados e de partes da planta. Os cereais de grão têm as seguintes fases fenológicas de desenvolvimento, que se distinguem pelo aparecimento de novos órgãos e por um certo número de sinais exteriores: germinação, brotamento, perfilhamento, aparecimento de tubos, espiga (brotamento), floração, maturação cerosa, maturação completa. O início de uma fase é assinalado quando 10% das plantas se encontram nessa fase, e a fase completa é assinalada quando 75% das plantas se encontram nessa fase.
O calor, a água e o ar são necessários para a germinação das sementes. A água é necessária para o inchaço do grão e para a atividade enzimática. Os grãos de cereais absorvem água numa quantidade de: trigo - 47%, centeio - 58, cevada - 48, aveia - 60, milho - 44, milho painço e sorgo - 25% do peso do grão. Os grãos maiores, com casca mais densa e maior teor de proteínas e gorduras, incham mais lentamente.
Sob a influência de enzimas presentes no grão, ocorre a hidrólise (ou seja, a desintegração e a dissolução com absorção de água) dos nutrientes de reserva do endosperma. As proteínas são convertidas em aminoácidos, o amido em hidratos de carbono mais simples: dextrina, glicose, frutose, que são entregues através do escudo ao embrião e este começa a germinar. As raízes germinais são as primeiras a começar a crescer. Os pães do primeiro grupo germinam com várias raízes: trigo - 3 a 5, centeio - 4, cevada - 5-8, aveia - 3-4. Os pães do grupo II são germinados por uma única raiz germinativa.
A temperatura afecta a velocidade de absorção de água e o aparecimento de germinação. Para este período, para os pães do primeiro grupo, a temperatura mínima é +2...+30C, óptima - +15...+20, e para os pães do segundo grupo a temperatura mínima de germinação é +10, óptima - +25$^{(0)}$C.
A germinação é o aparecimento de um rebento de caule na superfície do solo sob a forma de uma espiga coberta por uma folha transparente modificada, denominada coleóptilo, que protege o caule e a primeira

folha de danos durante o crescimento no solo. As caraterísticas distintivas das plântulas são apresentadas no quadro 4.

Quadro 4 Caraterísticas distintivas das plântulas de cereais para panificação

Cultura	Sinais de uma folha			
	largura	pubescência	coloração	localização
1	2	3	4	5
Trigo de inverno	Estreito	Nua	Verde-esmeralda	Vertical à superfície do solo
Trigo de primavera	Estreito	Nus ou púberes	Verde claro	O mesmo
Centeio	Estreito	Nus ou ligeiramente pubescentes	Castanho-púrpura	O mesmo
Cevada	Largura média	O mesmo	Verde lima	O mesmo
Aveia	Largo	O mesmo	Verde ou verde claro	O mesmo
1	2	3	4	5
Milho	Abertura larga, em forma de funil.	O mesmo	Verde	Ligeiramente inclinado para baixo
painço	O mesmo	Densamente pubescente	O mesmo	O mesmo
Sorgo	Largura média	Nua ou pouco pubescente	O mesmo	O mesmo
Arroz	Estreito	Nua, menos frequentemente pubescente	O mesmo	Vertical à superfície do solo

Em condições óptimas, as plântulas aparecem em 4-6 dias. Uma semana após o aparecimento da 1ª folha, surge a 2ª folha, seguida da 3ª folha com o mesmo intervalo. Ao mesmo tempo, as raízes germinais desenvolvem-se a uma profundidade de 30-50 cm. Segue-se a fase de perfilhamento.

O perfilhamento é a formação de rebentos adicionais e raízes nodais adventícias a partir de um nó de perfilhamento localizado a 2-3 cm de profundidade no solo. Um nó de perfilhamento é uma zona de nós de caule convergentes.

As condições óptimas para o perfilhamento são: temperatura +10...+120C, solo húmido, dia curto. Em condições favoráveis, os cereais formam de 5 a 8 rebentos por planta nas culturas de inverno e de 2 a 3 nas culturas de primavera. A cevada e a aveia crescem melhor nas culturas de primavera. O arbustivo produtivo aumenta o rendimento. O perfilhamento produtivo é o número médio de caules com uma espiga em que se forma um grão inteiro numa planta. O perfilhamento tardio

resulta na formação de podridões (rebentos laterais com espiguetas improdutivas) e de podridões (rebentos sem espiguetas).
O sistema radicular das culturas de cereais é axilar. Primeiro, surgem as raízes primárias germinais, que penetram a grande profundidade. Depois, na fase de perfilhamento, aparecem as raízes nodais secundárias, que se desenvolvem principalmente no horizonte arável. Nos cereais de crescimento elevado (milho, sorgo, painço), podem formar-se raízes aéreas ou de suporte a partir de nós de caule acima do solo. Todos os tipos de raízes são de grande importância para as plantas.
A fase de trombeta é o crescimento do caule em altura. O caule dos cereais panificáveis é uma palha, constituída por 5-7 (em algumas culturas até 25) entrenós separados por nós do caule. O número de entrenós é igual ao número de folhas. A palha é oca na maioria dos cereais, mas no milho e no sorgo é constituída por parênquima.
O crescimento do caule começa com o alongamento do entrenó inferior, depois cada entrenó subsequente cresce, ultrapassando o anterior em crescimento. Cada entrenó cresce com a sua parte inferior, pelo que a parte superior do entrenó se torna mais dura mais cedo. Este tipo de crescimento é designado por crescimento intercalar ou de inserção.
O início da fase de emergência dos tubos é marcado quando um espessamento - nós do caule próximos - é sentido acima da superfície do solo a uma altura de 5 cm dentro da bainha da folha. O crescimento em altura do caule continua até à floração. À medida que a planta cresce, formam-se as folhas.
A folha dos pães de cereais é linear-lanceolada, constituída por uma lâmina foliar e por uma bainha foliar, através da qual está ligada ao caule. No ponto de transição da bainha para a lâmina, existe uma lígula, uma película fina e incolor que se fixa firmemente ao caule, impedindo a penetração de água na bainha. Na base da bainha foliar encontram-se as aurículas (auricula) que cobrem o caule de ambos os lados. Os pães do primeiro grupo na fase de emergência do tubo diferem bem uns dos outros na estrutura das aurículas e da cana (Fig. 3, Quadro 5).

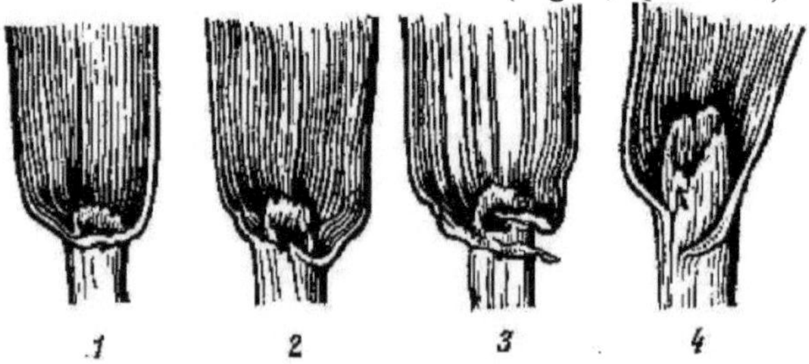

Figura 3. Orelhas e úvulas de cereais panificáveis:
1 - centeio; 2 - trigo; 3 - cevada; 4 - aveia

Quadro 5

Distinguir as culturas de cereais pelas orelhas e línguas

Sinais	Trigo	Centeio	Cevada	Aveia
Orelhas	Pequenos, frequentemente com cílios	Curta, sem pestanas, seca cedo.	Muito grandes, sem pestanas, passam por trás umas das outras	Ausente
Língua	Curto	Curto	Um pequeno	Cantos grandes e serrilhados

O espigamento (flapping) ocorre quando a espiga ou panícula está 1/3 fora da bainha da folha superior (bandeira) do caule principal.

Os cereais de grão têm inflorescências: espiga (trigo, cevada, centeio, triticale) e panícula (aveia, painço, sorgo, arroz). O milho forma duas inflorescências numa planta: espiga - inflorescência feminina e panícula - inflorescência masculina (Fig. 4, 5, Quadro 6).

A orelha é constituída por uma haste com espiguetas nos seus bordos. Uma fila de espiguetas é visível na parte anterior da espiga e duas filas na parte lateral. A panícula é constituída por um eixo central com ramificações laterais de primeira ordem, de segunda ordem, etc. As espiguetas situam-se nas extremidades dos ramos.

Uma espiga é constituída por uma ou mais flores encerradas em escamas de espiguetas. A flor tem escamas florais (exteriores ou inferiores e interiores ou superiores). Entre as escamas florais encontra-se um ovário com um estigma pinado de dois lóbulos e três estames (o arroz tem seis estames).

O período "emergência do tubo - espiga" é muito importante para as plantas, uma vez que os principais elementos da espiga (panículas) continuam a formar-se, há um maior crescimento das plantas e, nesta altura, estas são especialmente exigentes em termos de humidade, luz e nutrientes.

Distinguir os pães de cereais pela inflorescência

Cultura	Inflorescência	Número de espiguetas por espiga	Número de flores por espiga	Escamas de espiguetas	Escamas exteriores da flor	Local de fixação dos toldos nas formas espinhosas
1	2	3	4	5	6	7
Trigo	Kolos	1	3-5	Largo, multinervad	Liso, sem quilha	Até ao ápice da

				o, com quilha longitudinal e dentículos		escama exterior da flor
Centeio	Kolos	1	2, frequentemente com um terceiro rudimentar	Nervo único muito estreito, com uma quilha longitudinal	Com quilha, margem ciliada, passando a toldos	O mesmo
Cevada	Kolos	h (na cevada de fileira dupla, dois dos três estão subdesenvolvidos)	1	Muito estreito, linear, plano, sem quilha, com osteo-proeminente e acuminado no topo	Pentanervas largas, que passam para os toldos nas formas espinhosas	O mesmo
Aveia	Vassoura	1	2-4, raramente 1	Largo, grande, com nervos longitudinais, com membranas	Liso, sem quilha	No dorso da escama floral externa

1	2	3	4	5	6	7
Milho	Homem - vassoura	2	2	Largo, pubescente, com nervos longitudinais	Fino, peludo.	-
	Feminino - espiga	As espiguetas estão dispostas aos pares, em filas	2, frutificando apenas a parte superior	Pequeno, situado na base do grão	Pequena película, na base do grão	-
painço	Vassoura	1	1-2	Arredondados-convexos, com membranas, multinervados	Liso e brilhante	-

				dois maiores, o terceiro mais curto		
Arroz	Vassoura	Alguns	1	Estreito, linear lanceolado	Largo, recortado, pubescente	Para o vértice da escala floral exterior
Sorgo	Vassoura	2-3, 1 - frutíferos, sésseis, estéreis nos caules, caem	1	Convexo, coriáceo, pubescente ou brilhante	Os delicados e finos	Para a base da escama exterior da flor

Figura 4. Inflorescências do milho e panículas dos cereais panificáveis:
1 - inflorescência feminina do milho - espiga;
2 - inflorescência masculina do milho - panícula; 3 - panícula do painço;
4 - panícula de arroz; 5 - panícula de aveia

Figura 5. Inflorescências de espiguetas de cereais panificáveis:
1 - trigo mole com caniço; 2 - trigo mole sem caniço;
3 - trigo duro; 4 - centeio; 5 - cevada de várias fileiras;
6 - cevada em fila dupla

A floração (fecundação) ocorre pouco tempo depois do abrolhamento. Nas plantas com floração aberta, as flores abrem-se e as anteras e os estigmas do pistilo emergem. Em condições desfavoráveis durante a floração (temperaturas elevadas, secas, geadas, chuvas), a polinização é incompleta, pelo que se observa a polinização através dos grãos.
Os pães de grão são de autopolinização (trigo, cevada, aveia, painço, arroz) e de polinização cruzada (milho, sorgo, centeio, triticale), consoante o método de polinização. Nas autopolinizadoras, a maturação do pólen ocorre quando a flor ainda está fechada, e o pólen cai e germina no estigma da mesma flor. Os autopolinizadores podem florescer com as escamas das flores abertas (em tempo claro e soalheiro) ou fechadas (em tempo nublado), caso em que ocorre uma autopolinização estrita. A cevada é um autopolinizador estrito, em que o pólen é depositado no estigma da flor durante a espiga.
As plantas de polinização cruzada florescem com as escamas florais abertas. As anteras amadurecidas fendem-se e o pólen é transportado pelo vento, germina no estigma dos pistilos de outras plantas e dá-se a fecundação.
Após a floração, inicia-se a formação do grão. N.N. Kuleshov dividiu este processo em períodos: formação, enchimento e maturação.
A formação dura desde a fecundação até ao estabelecimento do comprimento final da semente.
O bulking dura desde o início da deposição de amido no endosperma até ao fim deste processo. O bulking ocorre em quatro fases: estado aquoso (acumulação de 2-3% de matéria seca), estado pré-leiteiro (acumulação de 10% de matéria seca), estado leiteiro (acumulação de 50% de ASW no grão, teor de humidade do grão de 60%) e estado pastoso do grão (85-90% de ASW, teor de humidade de 40%).
A maturação do grão começa com a cessação do fornecimento de nutrientes ao grão. A maturação efectua-se em duas fases:
- **fase de maturação** cerosa - endosperma ceroso, cortado por uma unha, revestimento do grão amarelo, folhas e caules amarelos, exceto nos 2-3 nós superiores, humidade do grão 30-
35%, com uma duração de 3-6 dias.
- **fase de maturação dura** - o endosperma é duro, pulverulento ou vítreo, não pode ser cortado com a unha, a casca é densa, coriácea, a cor do grão é típica da variedade, as folhas e os caules são amarelos, a humidade do grão é de 20-15%.

Na fase de plena maturação, bem como durante algum tempo após a colheita, ocorre a maturação pós-colheita no grão, termina a síntese de substâncias orgânicas de elevado peso molecular, a respiração diminui e ocorre a plena maturação do grão, quando a germinação das sementes atinge o seu valor máximo.

2. *PÃO DE OZYME*

2.1. Distribuição, rendimento, origem das culturas de inverno

As culturas de inverno estão muito disseminadas (quadro 7).

Quadro 7

Superfície de sementeira e rendimento das culturas de inverno

Culturas	Rússia		Território de Altai	
	superfície, milhões de hectares	rendimento, toneladas/ha	área, milhares de hectares	rendimento, toneladas/ha
Trigo de inverno	7,7	2,2	21	1,8
Centeio de inverno	4,0	1,5	112	1,7
Cevada de inverno	0,39	2,6	-	-

A superfície semeada com trigo na Rússia é de 22,2 milhões de hectares, dos quais cerca de 1/3 (7,7 milhões de hectares) corresponde a trigo de inverno. Na Rússia, o trigo de inverno está principalmente distribuído na parte europeia da Rússia. Na Rússia, a cevada de inverno é semeada nas regiões meridionais e não é utilizada de todo na Sibéria devido à sua baixa resistência às geadas. O centeio de inverno está muito difundido na região da Terra Não Negra e na Sibéria.

O trigo é uma das culturas mais antigas. Há 6,5 mil anos era cultivado no Iraque, no Egito e na Ásia Menor. A cevada tem a mesma origem antiga.

De acordo com N.I. Vavilov, as espécies selvagens de centeio serviram de base para o aparecimento do centeio de campo infestante no Sudoeste Asiático, a partir do qual surgiu subsequentemente o centeio cultivado, com o centeio a contaminar fortemente o trigo, e com o avanço das culturas de trigo para norte, o centeio, por ser mais resistente ao inverno, deslocou o trigo das culturas e tornou-se uma cultura independente nos séculos III-IV. Por conseguinte, o centeio é uma cultura relativamente jovem. A área cultivada com centeio no mundo é de 11 milhões de hectares (Rússia, Alemanha, Polónia, França, EUA).

Em Altai, as culturas de inverno são semeadas principalmente nas zonas de floresta-estepe do sopé das montanhas, onde uma grande cobertura de neve protege as culturas de inverno do congelamento.

O triticale é um novo género botânico obtido artificialmente pelo homem através da hibridação distante do trigo e do centeio, combinando propriedades valiosas destas culturas (qualidade do grão do trigo e despretensão do centeio). Como cultura híbrida, o triticale é mais produtivo devido ao seu grão muito grande e à elevada finura da espiga, mas a sua qualidade é ligeiramente inferior à do trigo. O grão pode ser utilizado tanto na panificação como na alimentação do gado. O nome anfidiplóide - híbrido de trigo e centeio - deriva das palavras Triticum (trigo) e Se- cale (centeio). V.E. Pisarev criou um triticale octaplóide de 56 cromossomas a partir do cruzamento de trigo mole e centeio. O triticale hexaplóide foi criado a partir do cruzamento do trigo duro e do centeio, sendo mais valioso por ter um elevado grau de granulação e um elevado teor de proteínas. De acordo com o tipo de desenvolvimento, existem formas invernais e primaveris de triticale, sendo as formas invernais as mais utilizadas na produção.

As culturas de inverno são, regra geral, mais produtivas do que as culturas de primavera, pois têm um período de assimilação mais longo - 120-150 dias, enquanto as culturas de primavera têm 90-100 dias. Com um bom desenvolvimento desde o outono, as plantas de inverno têm um sistema radicular de até 1 m, 4-8 caules, pelo que, na primavera, utilizam melhor as reservas de humidade do inverno-primavera e os nutrientes do solo, sofrendo menos com as secas precoces. O rendimento potencial do trigo de inverno e do triticale é de 5-9 toneladas/ha, o do centeio é de 4-7 toneladas/ha. O trigo de inverno representa 30% da colheita bruta de cereais na Rússia, mas não é suficiente. O aumento dos rendimentos e a expansão da área cultivada com culturas de inverno é uma reserva importante para aumentar a produção de cereais.

A importância agrotécnica das culturas de inverno reside no facto de as plantas hibernadas começarem a crescer rapidamente na primavera e eliminarem as ervas daninhas (especialmente o centeio de crescimento elevado), pelo que as suas culturas são mais limpas do que as de primavera. A colheita das culturas de inverno é efectuada 10 a 15 dias mais cedo, o que permite uma preparação mais cuidadosa da área de colheita e reduz a intensidade dos trabalhos de colheita.

2.2. Diferenças entre as formas de inverno e de primavera. Endurecimento das culturas de inverno

Os pães de cereais têm duas formas biológicas: inverno e primavera.

Os pães de inverno incluem o trigo de inverno, o centeio de inverno, a cevada de inverno e o triticale de inverno.

Nas plantas, distinguem-se os seguintes estádios de desenvolvimento:

1) A fase escura decorre desde a formação do zigoto na planta-mãe até ao 11° estádio da organogénese. Esta fase é caracterizada por um cone de crescimento indiferenciado;

2) A fase de luz inclui o desenvolvimento posterior, começando com a diferenciação do cone de crescimento. A yarrowização é a transição do estádio I para o estádio II. A yarrowização é também o processo de aceleração da transição do desenvolvimento vegetativo para o

desenvolvimento generativo sob a influência da temperatura ou de outros factores.
A diferença entre as formas biológicas de inverno e de primavera é a seguinte: as culturas de inverno têm uma fase mais longa de jarrowisation - 35-60 dias. Exige condições que normalmente não existem na primavera, como uma temperatura baixa de 0 a +10^{0}C. Isto explica a necessidade de semear as culturas de inverno no final do verão, 50 _COPY . Isto explica a necessidade de semear as culturas de inverno no final do verão, 50 a 60 dias antes do início de um tempo frio estável, e a colheita de cereais é obtida no ano seguinte. Caso contrário, quando a sementeira é efectuada na primavera, quando o período de baixas temperaturas é demasiado curto, as culturas de inverno não têm tempo para passar a fase de jarovização, não formam um caule e órgãos generativos e não produzem cereais.
As culturas de primavera têm um período curto de 7 a 20 dias, exigindo temperaturas mais elevadas (+5...+200C), pelo que são semeadas na primavera e colhidas no mesmo ano.
°Existem também formas intermédias - formas de duas cadeias, que passam a fase de jarovização a +3... .+15 C e que nas regiões meridionais podem produzir sementes tanto na sementeira da primavera como na do outono.
Endurecimento das culturas de inverno. O período de crescimento das culturas de inverno é de 26°-36° dias (o período de assimilação é de 12°-15° dias). O período de desenvolvimento no outono é de 5°-55 dias. Durante este período, as plantas formam 3-4 rebentos de 15-20 cm de altura, o que constitui a condição óptima para o inverno. No outono, as plantas sofrem um endurecimento. Trata-se de um processo fisiológico que resulta na formação de propriedades:
resistência invernal (capacidade de resistir a um conjunto de condições desfavoráveis no inverno) e resistência à geada (resistência a baixas temperaturas). Fases de endurecimento: 1) a baixas temperaturas +8...+100C (à noite 00C) à luz, a sacarose até 30% de ASV é acumulada no nó de perfilhamento, à medida que a respiração e o crescimento abrandam, enquanto a assimilação continua. °A planta pode suportar até -1° C; 2) a fase principal, quando ocorre a desidratação das células, a saída de água das células para os espaços intercelulares, a conversão de nutrientes insolúveis em solúveis. O aumento da concentração da seiva celular provoca a diminuição do seu ponto de congelação. A fase ocorre tanto à luz como no escuro, a uma temperatura de 0...-50C. O endurecimento dura 20-25 dias. É preferível que ocorra com tempo limpo, com dias quentes e noites frescas. As datas de sementeira ideais também são importantes, pois as plantas devem ter tempo para acumular

um stock de nutrientes. Afectam positivamente o processo de endurecimento, aumentam a robustez invernal do fósforo e do potássio adicionais, pois contribuem para uma formação mais rápida das raízes e para a acumulação de hidratos de carbono no perfilhamento do nó. O azoto, introduzido no outono, tem um efeito negativo, pois aumenta o crescimento da massa acima do solo, reduzindo assim o stock de açúcares no nó de perfilhamento. As variedades com um período mais longo de milefólio, que gastam menos nutrientes na respiração quando o calor regressa no outono, bem como as variedades com um nó de perfilhamento mais profundo, que acumulam mais oligossacáridos, prolina, asparagina e aminoácidos glutâmicos, são mais resistentes ao inverno.

2.3. Causas da morte das culturas de inverno e medidas de prevenção

Condições desfavoráveis no outono, inverno e início da primavera podem levar à morte das culturas de inverno. As razões para tal podem ser várias.

1. A geada é uma das causas mais frequentes, especialmente em zonas com invernos rigorosos. Sob a ação de geadas prolongadas, a água congela nos espaços intercelulares, retira água das células, ocorre a desidratação, a coagulação coloidal, a rutura da estrutura do citoplasma e a morte celular. Quanto mais profundo for o nó de perfilhamento, mais resistente é a planta ao inverno, pelo que uma sementeira mais profunda, mas optimizada em termos de profundidade e de tempo, contribui para uma melhor preservação das plantas. Com a sementeira em sulcos, o nó de perfilhamento forma-se mais profundamente, uma vez que o sinal luminoso para a zona de perfilhamento chega mais rapidamente. A retenção da neve é de grande importância. É preferível fazê-lo com a ajuda de asas. No caso de geada -30^{0}C, sob uma camada de neve de 15 cm, a temperatura na camada de solo é de -110C, e sob uma camada de 50 cm é de -2 ... -30C, pois a neve tem baixa condutividade térmica. O centeio de inverno e o triticale são mais resistentes à geada, suportando -20^{0}C no nó do perfilhamento, enquanto o trigo -16... -180C. -180C.

2. O endurecimento observa-se quando uma grande camada de neve cai sobre o solo não congelado. A temperatura sob esta camada permanece próxima de zero, as plantas continuam a respirar, consomem substâncias plásticas e ficam exaustas, uma vez que a assimilação sem acesso à luz não tem lugar. A morte das plantas ocorre em 90-100 dias a uma temperatura de 0^{0}C. O enrolamento no outono, após a queda de neve, impede o desenraizamento, uma vez que promove o congelamento rápido da neve e do solo. As plantas a temperaturas negativas deixam de respirar intensamente e entram em anabiose. Muitas vezes, as culturas

de inverno que crescem demasiado no outono também brotam. Isto é especialmente verdade no caso do centeio de inverno, que se desenvolve mais rapidamente no outono. As plantas de inverno crescidas no outono devem, portanto, ser cortadas. Na primavera, as plantas também podem secar se houver muita neve e esta não derreter durante muito tempo, especialmente nas depressões. Espalhar cinzas, turfa e fertilizantes minerais acelera o derretimento da neve e evita que as plantas brotem.

3. O encharcamento é observado em depressões sob a água de fusão. Como resultado de processos anaeróbicos, a morte da planta ocorre dentro de 12-15 dias. É necessário efetuar uma drenagem aberta (sulcos), nivelamento, nivelamento do campo, sementeira em camalhões, afrouxamento do solo antes da colheita.

4. A saliência é o deslocamento do nó do perfilhamento para a superfície do solo quando o solo assenta durante a alternância de descongelamento e congelamento. A rutura da raiz causada pelo gelo celular subsuperficial também ocorre. O gelo é conhecido por se expandir quando congela e rasga os tecidos. O abaulamento ocorre mais frequentemente em solos pesados. Isto pode ser evitado semeando variedades com um nó de perfilhamento profundo. A última lavoura profunda deve ser efectuada um mês antes da sementeira, para que o solo tenha tempo de assentar. O revolvimento antes e depois da sementeira é obrigatório. O tratamento das sementes com retardadores promove o enraizamento mais profundo do nó de perfilhamento. Na primavera, se as plântulas estiverem a crescer, o solo deve ser compactado, para que os nós do perfilhamento e as raízes sejam pressionados contra o solo e se formem novas raízes e rebentos secundários.

5. O bolor da neve é causado pelo fungo Fusarium nivale e produz manchas brancas ou rosadas nas plantas. O bolor da neve desenvolve-se frequentemente em plantas enfraquecidas pela dessecação. A esclerotinia (Sclerotinia sclerotinia), uma praga branca com pontos pretos, é também observada pela mesma razão. Medidas de controlo: variedades resistentes, tratamento de sementes (Maxim KE, Fundozol), remoção da neve, gradagem na primavera para remover as plantas doentes.

6. A causa da morte das culturas de inverno pode ser a formação de crostas de gelo, e as crostas de gelo são mais perigosas do que as crostas suspensas, uma vez que congelam completamente com o solo. Medidas de controlo: corte no final do outono, aplicação de fertilizantes minerais, cinzas, turfa.

7. Regresso do tempo frio na primavera (-16...-200C), quando já não há neve. As plantas começam a respirar, a crescer, a perder a resistência invernal.

8. Quando semeada no início do outono, é morta pela mosca sueca e

pela mosca da Hesse.

9. Sopro no outono seco. Medidas de controlo: melhoramento florestal, cultura em faixas, lavoura de corte plano.

No início da primavera, após o degelo da neve, avalia-se o estado das culturas de inverno. As culturas fracamente desbastadas, com uma perda não superior a 15-20% das plantas, são deixadas a vegetar. Nas culturas medianamente escassas, com uma densidade de 150-200 plantas por 1 m^2, procede-se a sementeiras, reparações e fertilizantes. As culturas fortemente desbastadas, com uma densidade de 120 plantas/m^2 ou menos, são semeadas com cevada ou com culturas tardias de primavera.

2.4 Caraterísticas biológicas das culturas de inverno

Temperatura necessária. A temperatura mínima de germinação é de +1,+2^{0}C. A temperatura óptima é de +15^{0}C. Os rebentos aparecem em 7 dias. Na primavera, a retomada da vegetação ocorre a +5^{0}C. A temperatura óptima para o perfilhamento é

I 10. I 12, para a espiga - floração - +16...+22, para o enchimento e maturação - +25, a +35^{0}C a assimilação abranda. A soma total das temperaturas activas é de 1850-2200^{0}C, o período de vegetação é de 260-360 dias.

O centeio é mais resistente ao inverno e à geada do que o trigo. Na profundidade do nó do perfilhamento, o centeio e o triticale podem suportar -18.-20$^{(0}$)C, o trigo de inverno -16.-18^{0}C. A cevada de inverno mal resiste a -14^{0}C, e na Sibéria não é semeada de todo, pois congela. A distribuição do trigo e da cevada no país é mais meridional, o centeio - mais setentrional.

As culturas de inverno utilizam melhor a precipitação do outono e do inverno do que as culturas de primavera, mas consomem mais humidade do que as culturas de primavera. Estas plantas têm sistemas radiculares bem desenvolvidos até 1,5-2 metros. O centeio tem um sistema radicular mais forte e, por conseguinte, é mais tolerante à seca. O coeficiente de transpiração é de 340-420 para o centeio e de 400-500 para o trigo. O período crítico para as culturas de inverno, em termos de humidade, é a emergência dos tubos - o espigamento, quando 60-70% de toda a humidade é consumida durante a estação de crescimento.

Requisitos do solo. O centeio de inverno é menos exigente para o solo do que outras culturas de cereais e cresce bem em solos podzólicos. De acordo com D.N. Pryanishnikov, o centeio é capaz de converter compostos de fósforo indisponíveis para outras culturas em compostos disponíveis, tolera uma acidez elevada de pH = 5,3, bem como solos arenosos soltos onde o trigo não pode crescer. Os solos ligeiros com baixa capacidade de retenção de água são mais adequados para o centeio do que os solos pesados, encharcados e argilosos. O trigo, tal como a cevada, necessita de solos mais férteis - chernozems, solos castanhos com pH neutro não inferior a 6, com teor de húmus não inferior a 2%. O triticale, tal como o centeio, é menos exigente, podendo crescer em floresta cinzenta, solos franco-argilosos com pH = 5,5-7,0.

2.5 Tecnologia de cultivo

Inserir na rotação de culturas. O melhor precursor das culturas de inverno é um pousio com lavoura limpa. 60% das culturas de inverno na região são semeadas em pousio. Nas zonas húmidas, é possível utilizar pousios ocupados ou em sementeira. As culturas de inverno podem ser semeadas depois de gramíneas perenes, leguminosas e outras culturas de colheita precoce, mas neste caso o inverno é pior, pois faltam-lhes humidade e nutrientes para o seu desenvolvimento. O trigo e o centeio são considerados culturas que respondem à rotação de culturas, ou seja, utilizando fertilizantes e meios de proteção, podem ser semeados repetidamente. As culturas de inverno, por sua vez, são boas antecessoras das culturas em linha e das culturas de primavera, uma vez que deixam os campos livres de ervas daninhas.

Cultivo do solo. Nas áreas semeadas de inverno da região, a vantagem está do lado do pousio preto, cuja preparação começa com o descasque do restolho após a colheita da cultura que precede o pousio em 6-8 cm LDG-10 com um ângulo de ataque 30-35^{0}C, o que evita a evaporação excessiva, promove a germinação de sementes de ervas daninhas, a destruição de pragas e doenças. A lavoura Zyablivaya a 25-27 cm sob o vapor é efectuada 1,5-2 semanas após o descasque, após o aparecimento de rebentos de ervas daninhas. A lavoura profunda permite a destruição das ervas daninhas perenes, a acumulação de humidade e a sua preservação durante o período de pousio. A gradagem no início da primavera (ESS) destrói a crosta, promove a germinação de ervas daninhas, evita a evaporação, melhora o regime de ar e calor do solo. No verão, à medida que as ervas daninhas emergem, procede-se ao cultivo de superfície - cultivo de 6-8-10 cm.

Para a acumulação de neve nos campos, semear as limícolas ao longo dos ventos dominantes, e nas encostas - ao longo das encostas. As coulees são 2-3 filas com um espaçamento entre filas de 60 cm, com uma distância entre coulees de 10-12 m. São utilizados os semeadores Culis SKN-3 ou SZS-2,1. Nas zonas áridas, a mostarda (500 g/ha) e o girassol são semeados como culturas de lavoura. Data de sementeira: girassol - I década de julho, mostarda - II década de julho, para que as plantas não tenham tempo de ser inseminadas. É possível semear rabanete ao mesmo tempo que as culturas de inverno, utilizando o semeador SZT-3,6 a partir de uma caixa de relva com coulters extremamente abertos. Se for utilizado um pousio sideral, em vez de couves, semear na primavera sideratos (colza, mostarda, meliloto, painço, sudanka), que são triturados em meados do verão (KIR-1,5, E-261) para cobertura morta, deixando as couves das plantas siderais. De seguida, o solo é limpo com BDT-7, o mais tardar 25 dias antes da sementeira das culturas de inverno.

A lavoura profunda do solo para as culturas de inverno é proibida após os antecessores sem restolho, caso contrário as culturas de inverno morrem em grandes espaços vazios da camada solta devido à secagem das raízes, à protrusão do nó de perfilhamento. Após os antecessores sem restolho, é preferível cultivar o solo a 8-12 cm (LDG-10, KPSh-9) ou semear diretamente com o semeador SZS-2,1 em campos limpos. Após o primeiro corte de gramíneas perenes, o mais tardar um mês antes da sementeira, procede-se à debulha BDT-7 e, em seguida, à lavoura a 25-27 cm, com gradagem e rolamento antes e depois da sementeira. A cultura pré-sementeira é efectuada até à profundidade de sementeira por KPSh-9, KPS-4 com grades, plumas, rolos em ângulo com a cultura principal.

Aplicação de fertilizantes. Produção para a formação de 1 kg de grãos e subprodutos correspondentes, kg:

	N	P2O5	K2O
Trigo de inverno	3,5-3,7	1,3	2,3
Cevada de inverno	3,2-3,6	1,2	2-2,4
Centeio de inverno	2,5-3,5	1,2-1,4	2,4-2,6
Triticale de inverno	4-5	1,3-1,6	3,6-3,4

O trigo é a cultura mais exigente em nutrientes e é também a mais reactiva à aplicação de fertilizantes. 1 kg de fertilizante dá um aumento de 8-10 kg de grão. Recomenda-se a aplicação de 20 toneladas/ha de matéria orgânica sob a lavoura principal (até 30-40 toneladas/ha em zonas húmidas). Se o pousio foi preenchido com matéria orgânica, os fertilizantes minerais são aplicados nas linhas na sementeira, utilizando superfosfato 10-20 d.v. kg / ha, e em solos pobres em azoto, é melhor utilizar fertilizantes complexos N15P15 kg d.v. / ha. Se a matéria orgânica não foi aplicada, o fertilizante principal é aplicado no pousio P40-60K40-60 kg d.v. / ha, noutros predecessores - N60P60K60. Se for economicamente viável, a taxa de aplicação é aumentada até 120 kg d.v/ha para cada elemento. É preferível aplicar grandes quantidades de azoto de forma fraccionada sob a forma de adubos, caso contrário, este é lavado e gasto de forma improdutiva, as plantas crescem demasiado no outono e são arrancadas. Fertilizantes aplicados durante os períodos críticos de consumo de azoto:

1) A cobertura de outono só é eficaz em solos pobres em azoto, se o fertilizante principal não tiver sido aplicado, bem como em pousios anteriores, numa quantidade até 20% do fertilizante principal;

2) A fertilização primaveril com azoto é particularmente eficaz, uma vez que o solo está esgotado em azoto nesta altura. Aplicar 30-50 kg de adubo azotado/ha, espalhando nitrato de amónio com RMG-4 e gradando depois o solo. É mais eficaz utilizar para este efeito semeadores de fertilizantes de disco SZ-3.6, SU-2.4 em combinação com grades ao longo das linhas. O aumento do rendimento pode ir até 0,3-0,5 toneladas/ha. Esta fertilização é especialmente recomendada para as culturas de inverno desbastadas após o inverno, uma vez que provoca um perfilhamento adicional e compensa a falta de densidade das plantas;

3) na fase de emergência dos tubos por via aérea ou ao longo da via tecnológica, a alimentação com RMG-4 ou OPSh-5 (se o adubo for líquido) aumenta a finura da espiga sem aumentar o rendimento em palha;

4) na fase de espiga, a fertilização foliar com azoto com 30 kg d.w./ha não aumenta significativamente o rendimento, mas aumenta a proteína e o glúten em 1 e 4%, respetivamente. É preferível utilizar uma solução de ureia a 30%, uma vez que não provoca queimaduras nas folhas. Misturam-se 65 kg de ureia com 150 litros de água, adicionando oligoelementos. Podem ser utilizados preparados mais baratos para fertilizar, por exemplo, 50 g/ha de humato de sódio com a mesma quantidade de água. É possível aplicar uma solução de float (45 kg de ureia + 22 kg de nitrato de amónio + 100 l de água), com um consumo de 100 l/ha, de preferência de manhã ou ao fim da tarde, a uma temperatura não superior a +20^{0}C, com uma velocidade do vento não superior a 4 m/seg.

A fertilização é efectuada tendo em conta os diagnósticos. *Diagnóstico do solo*: o azoto nítrico é determinado em amostras de solo e, se as reservas de azoto forem inferiores a 30 kg/ha, é necessário aplicar 20% da taxa de azoto calculada na lavoura principal ou na sementeira. Se for superior, o azoto não é aplicado para evitar a redução da resistência invernal e o crescimento excessivo.

Diagnóstico dos tecidos: durante a fase de emergência, o teor de nitratos nas plantas é determinado por um método laboratorial rápido. Cortar 100 plantas de manhã, espremer o sumo dos caules para um copo e aplicar uma gota de solução de difenilamina a 1%. A coloração branco-rosada (inferior a 3 pontos) significa que não se pode obter um trigo forte, não sendo aconselhável a fertilização azotada. Cor-de-rosa (3,5-4,5 pontos) - recomenda-se a aplicação de duas adubações na espiga e no enchimento, cor-de-rosa intenso - (4,55,5 pontos) - uma adubação na espiga, carmesim - não é necessário

Se for alimentado, o grão será forte, mas há o perigo de se alojar.

Semeadura. As culturas de inverno devem ser semeadas com sementes do fundo de reporte. O fundo de reporte é uma reserva de sementes de culturas de inverno feitas no ano anterior para sementeira no ano seguinte.
As sementes recém-colhidas não podem ser utilizadas para semear culturas de inverno porque têm uma taxa de germinação reduzida, uma vez que não tiveram tempo de sofrer a maturação pós-colheita.
Quando se cultivam culturas sob tecnologia intensiva, as sementes devem ser grandes, com um peso de 1000 sementes de, pelo menos, 38 g, com uma força de crescimento de, pelo menos, 80%. Antes da sementeira, as sementes são aquecidas ao sol ou em secadores, especialmente no caso de sementeira com sementes recém-colhidas em caso de necessidade de produção. O tratamento das sementes é obrigatório.
Datas de sementeira. As plantas são mais bem conservadas no inverno se passarem o inverno na fase de perfilhamento (3-4 rebentos). Para isso, são necessários 50-55 dias de vegetação outonal com a soma das temperaturas activas para o centeio 400-450^{0}C, para o trigo de inverno - 550-580^{0}C. A partir da data média anual de transição através de + contagem regressiva 50-55 dias - esta será a data de sementeira da cultura de inverno. O calendário ideal para a sementeira das culturas de inverno é de 10 a 25 de agosto. Em primeiro lugar, semear em pousios ocupados e antecessores não pousios, depois em pousios. As datas de sementeira do centeio podem ser mais alargadas do que as do trigo e do triticale.
Taxas de sementeira. Na estepe - 3 milhões/ha, Priobie - 4-5, sopé - 5-6 milhões/ha de sementes germinadas. Em condições mais favoráveis (em campos limpos, nos melhores antecessores, em fundo fertilizado) deve-se manter o limite inferior da taxa recomendada.
O trigo de inverno estabelece o nó de perfilhamento um pouco mais profundamente do que o centeio, pelo que o trigo é semeado a 5-6 cm e o centeio a 4-5 cm. Quando o solo seca, o trigo é semeado a 7-8 cm, o centeio a 6-7 cm e, em solos pesados, a 3-4 e 2-3 cm, respetivamente. O triticale é semeado a 4-8 cm.
Cuidados com as plantas. Depois de analisar o estado das plantas invernadas, decide-se a questão dos cuidados a ter com as plantas. No caso de uma primavera quente precoce, há um efeito ecológico precoce da época de retoma da vegetação de inverno, em que a neve desce rapidamente, as plantas estão bem conservadas, começam a crescer rapidamente, podemos esperar um rendimento elevado, mas com uma qualidade de grão inferior, pelo que será eficaz a gradagem das culturas no início da primavera, a utilização de medicamentos - reguladores de

crescimento para evitar o acamamento, fertilizantes azotados posteriores (na fase de espiga - derrame) para melhorar a qualidade do grão.
Em anos com um efeito ecológico tardio da época de retoma da vegetação na primavera, as plantas são frequentemente desbastadas, de crescimento baixo, passam rapidamente para a espiga, formam um rendimento mais baixo, mas com um teor de proteínas mais elevado. Nestes anos, é preferível não efetuar a gradagem das culturas na primavera; os preparados utilizados para evitar o acamamento não são eficazes. A fertilização precoce com azoto na fase de perfilhamento ou na fase de emergência do tubo é eficaz para aumentar o rendimento, aumentando o número de espiguetas e de flores na espigueta.

3. *TRIGO MOURISCO*

3.1. Significado e utilização

O trigo é a cultura de cereais alimentares mais valiosa e mais difundida no mundo. Composição química do grão de trigo, % de ASW: proteína - 14 - no grão de trigo mole, 16 - no grão de trigo duro, hidratos de carbono - 77-79, gorduras - 2, cinzas - 2, fibra - 2,3.

O principal produto obtido a partir do grão de trigo é o pão, que tem bom sabor, nutrição e digestibilidade. O trigo duro é mais valioso para ser utilizado na produção de cereais, massas e produtos de confeitaria. O trigo é utilizado para produzir álcool, amido, glúten, dextrina e cola. O grão e a sêmea de trigo constituem um valioso alimento concentrado para os animais de criação.

O indicador mais importante que caracteriza a qualidade do trigo é o teor de proteínas e de glúten. O teor de proteínas é grandemente influenciado pelo clima, pelo solo e pela aplicação de fertilizantes. O teor de proteínas do trigo determina a sua utilização. A panificação exige grãos com um teor de proteínas de 14-15%, enquanto a produção de massas alimentícias exige 17-18%. A digestibilidade das proteínas do pão de trigo é de cerca de 95%.

Os trigos fortes e duros são particularmente importantes para os sectores da moagem de farinha, da panificação e da exportação. O trigo forte só está disponível em trigo mole. Caracteriza-se por um teor mais elevado de proteínas, glúten e outras substâncias valiosas. Na avaliação da força do trigo, as qualidades de panificação são decisivas. Existem 3 grupos de acordo com as propriedades tecnológicas do grão: forte, médio e fraco.

O trigo *forte* caracteriza-se por um teor mais elevado de proteínas no grão - não inferior a 14%, glúten bruto - não inferior a 28%, qualidade do glúten - não inferior ao grupo I, rendimento volumétrico do pão a partir de 100 g de farinha - 550 cm^3, vitreosidade do grão no trigo de grão vermelho - não inferior a 75%, no trigo de grão branco - não inferior a 60%, poder de cozedura da farinha - não inferior a 280J. O trigo forte é designado como melhorador devido à sua capacidade de melhorar as qualidades de cozedura do trigo fraco. Quando a farinha do grão de trigo forte é adicionada à farinha de trigo fraco, a qualidade do pão melhora significativamente. O grão de trigo forte é muito apreciado no mercado internacional.

O trigo de força *média* (filete) tem boas qualidades de panificação, é capaz de produzir pão de qualidade satisfatória sem adicionar trigo mais forte, mas não pode melhorar o trigo fraco. O grão de trigo médio contém 11-13,9% de proteínas, 25-27% de glúten, o glúten de qualidade pertence ao grupo II, o poder de cozedura da farinha é de 200-280 Jg.

O trigo *fraco* tem pouco poder de cozedura. O pão tem um volume reduzido e espalha-se na almofada. O grão de trigo fraco caracteriza-se por um teor de proteínas inferior - menos de 11%, glúten bruto - 25%, qualidade do glúten - grupo II-III, rendimento volumétrico do pão a partir de 100 g de farinha - menos de 400 cm^3, poder de cozedura da farinha - menos de 200 J. Para produzir pão normal a partir de grão ou farinha de trigo fraco, adiciona-se-lhe grão ou farinha de trigo forte.

O trigo é uma cultura plástica adaptada ao cultivo em diferentes tipos de solos e em diferentes condições climáticas. Atualmente, o trigo ocupa 213,6 milhões de hectares no mundo, o que representa cerca de 29% de todas as culturas de cereais. Os maiores países produtores de trigo são a Rússia - 19,9 milhões de hectares; a RPC - 26,6; a Índia - 26,7; os EUA - 21,5; o Canadá - 11,0; a Austrália - 12,1 milhões de hectares. O rendimento médio dos grãos é de 2,7 toneladas/ha. No Altai Krai, a superfície média plantada é de 2,6 milhões de hectares, com um rendimento médio de 1,21 toneladas por hectare no período 2001-2004 e de até 3,5 toneladas por hectare nas parcelas de variedades.

3.2. Classificação do trigo

O trigo pertence à família *Roaceae* (bluegrasses), género *Triticum L.,* que inclui 22 espécies que se distinguem bem por caraterísticas morfológicas e biológicas. Para efeitos práticos, todas as espécies de trigo podem ser convenientemente agrupadas em dois grupos: trigo holográfico e trigo espelta.

O trigo Holosere tem uma espiga inquebrável, que não se divide em espiguetas individuais após a maturação. O grão não apresenta escamas de espiguetas e flores durante a debulha.

As seguintes espécies pertencem ao grupo dos trigos holocereais: *Tr. aestivum L.,* (trigo mole); *Tr. durum Desf.* (trigo *duro*); *Tr. carthlicum Nevski.* (trigo carthaline); *Tr. poloni- cum L.* (trigo polonicum); *Tr. turgidum L.* (trigo turgidum); *Tr. turanicum Jakubz.* (trigo turaniano); *Tr. compactum Host,* (trigo anão); *Tr. sphaerococcum Per s.* (trigo de grão redondo); *Tr. amplissifolium Zhuk.* (trigo de folha larga) e *Tr. fungicidum Zhuk.* (trigo fungicida).

O trigo bastardo tem um caule frágil e uma espiga que se divide facilmente em espiguetas individuais na maturidade. O grão permanece nas espiguetas durante a debulha e é necessário equipamento especial para o separar. As outras 11 espécies de trigo pertencem ao grupo do trigo espelta: *Tr. ae- gilopoides Link* (trigo selvagem de grão único), *Tr. urartu Thum.* (trigo de Urartu), *Tr. monococcum L.* (trigo cultivado de grão único), *Tr. ararati- cum Jakubz.* (trigo de Halda), *Tr. dicoccoides Aar.* (trigo selvagem de grão duplo), *Tr. timopheevi Zhuk.* (zanduri), *Tr. palaeo-colchicum Men.* (Colchicum *dicoccum*), *Tr. dicoccum Schubl.* (espelta), *Tr. macha Dek. et Men.* (trigo macha), *Tr. acthiopicum Jakubz.* (trigo da Abissínia) (Fig. 6).

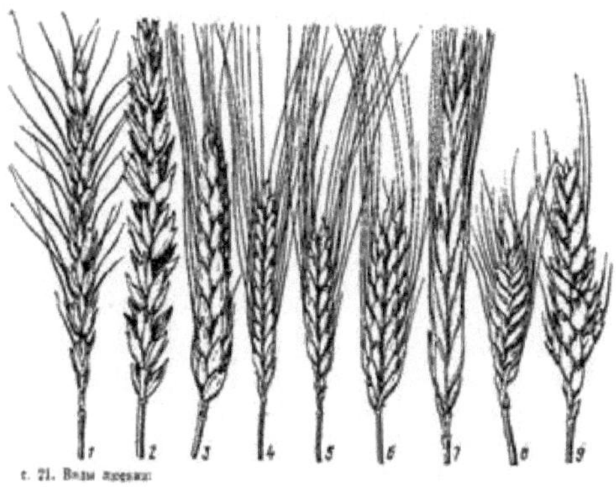

Figura 6. Espécies de trigo:
1 - espinhoso mole; 2 - sem espinhos mole; 3 - duro;
4 - cultivada de grão simples; 5 - de grão duplo (espelta);
6- trigo de Timofeev; 7- polonikum; 8- trigo anão;
9 - turgidum

Os trigos mole e duro são importantes para a produção (quadro 8). O trigo mole é muito utilizado na panificação, pelo que tem a maior distribuição, e o trigo duro é utilizado na produção de massas alimentícias, pelo que tem uma distribuição limitada, principalmente nas regiões estepárias mais quentes.

Quadro 8

Caraterísticas distintivas do trigo duro e do trigo mole

sinal	Trigo mole	Trigo duro
Kolos		
Densidade da orelha	Solto, um espaço entre as espiguetas	Densa, sem espaços entre as espiguetas
Lado mais largo	Rosto	Lado
Osti	Igual ou mais curto do que a orelha, divergente	Mais comprido do que a orelha, paralelo
Escamas de espinhos	Deprimida na base, com uma quilha pouco pronunciada e dentículos mais ou menos longos	Sem reentrância na base, com quilha nitidamente proeminente e dentículos curtos
Grãos		
Forma	Curto, arredondado	Oblonga, mais facetada na secção transversal
magnitude	Fina, média grossa, grossa	Médio, mais frequentemente grande
Consistência	Farinhento em graus variáveis, quase nunca se observa uma vitrificação completa	Vítreo, menos frequentemente lustroso
Feto	Arredondado, largo, côncavo	Oblonga, convexa, bem definida
Crista	Pêlos longos e bem definidos	Ausência ou fraca expressão, pêlos curtos
Solomina	Polaia	Sob o espigão

As variedades de grão branco são mais susceptíveis a lesões durante a debulha do que as variedades de grão vermelho, porque têm uma casca mais fina. As variedades de grão vermelho têm um período de maturação pós-colheita mais longo do que as variedades de grão branco, o que significa que são mais resistentes à germinação nas linhas de vento e na raiz. As formas com toldos tornam-se mais importantes em condições de seca. Neste caso, os toldos desempenham a função de transpiração adicional nas plantas em condições de temperatura elevada. Mesmo nas formas sem toldos, os toldos são mais pronunciados quando crescem em condições extremas. Mas, do ponto de vista económico, as variedades sem palha são mais preferíveis, uma vez que a palha é melhor consumida pelos animais e os toldos não afectam negativamente o trabalho de debulha e os órgãos de limpeza da ceifeira-debulhadora. Por conseguinte, as variedades de trigo mole sem espiga, de grão vermelho, estão mais difundidas nas nossas condições. As variedades duras são representadas pela variedade Gordeiforme.

Por sua vez, as espécies são divididas em variedades (quadro 9).

Quadro 9 Variedades de trigo mole e duro

Variedades	Presença de rebentos e sua coloração	Coloração de espigas	Abaulamento das escamas da espigueta	Coloração dos grãos
Trigo mole				
Albidum	Sem sapatos	Branco	Sem fôlego	Branco
Lutescência	O mesmo	O mesmo	O mesmo	Vermelho
Alborubrum	O mesmo	Vermelho	O mesmo	Branco
Milturum	O mesmo	O mesmo	O mesmo	Vermelho
Pyrotrix	O mesmo	O mesmo	Reduzido	O mesmo
Velutinum	O mesmo	Branco	O mesmo	O mesmo
Grekum	Os rebentos são brancos	Branco	Sem fôlego	Branco
Erythrosper- mãe	O mesmo	O mesmo	O mesmo	Vermelho
Ferruginoso	Os rebentos são vermelhos	Vermelho	O mesmo	Vermelho
G ostianum	Os rebentos são brancos	Branco	Reduzido	Vermelho
Barbarossa	Os rebentos são vermelhos	Vermelho	Reduzido	Vermelho
Césio	O mesmo	Pele cinzenta	Sem fôlego	Vermelho
Trigo duro				
Hordeiforme	Os rebentos são vermelhos	Vermelho	Sem fôlego	Branco
Melianopus	Os rebentos são pretos	Branco	Reduzido	Branco

3.3. Caracterização biológica

O trigo é uma planta de dias longos, bastante resistente ao frio. Durante o processo vegetativo, o trigo distingue as seguintes fases fenológicas 1) inchamento da semente; 2) germinação da semente; 3) germinação; 4) aparecimento da terceira folha; 5) perfilhamento;

6) emergência do tubo; 7) espiga; 8) floração; 9) maturação do leite; 10) maturação da cera; 11) maturação completa.

Em cada uma destas fases, as plantas passam por certas etapas da organogénese e da formação de vários elementos da estrutura produtiva, pelo que é importante criar condições ideais para cada fase. A fase de germinação é precedida pelo inchaço da semente, acompanhado por uma absorção de água de 45-52% do peso da semente. As sementes vítreas e maiores do trigo duro requerem mais 5-7% de água para germinar do que as sementes em pó do trigo mole, pelo que a germinação do trigo duro é mais tardia. A temperatura óptima para a germinação é de +12...+15oC, a temperatura mínima é de +20C. +20, para obter

A temperatura +4...+5^{0} é necessária para que os rebentos sejam viáveis, pelo que a sementeira pode ser iniciada quando o solo aquece até +5^{0}C, a fim de utilizar eficazmente a reserva de humidade da primavera.

Os rebentos de trigo são resistentes às geadas. Na fase de germinação, as plantas podem suportar até -4...-5oC. Na fase de 3 folhas - perfilhamento - até -8^{0}C. O trigo duro tem menor resistência às geadas.

Em 10-15 dias após a germinação, começa o perfilhamento - a formação de raízes nodais e rebentos laterais a partir do nó de perfilhamento (zona de nós subterrâneos próximos do caule). As condições óptimas para o perfilhamento são +10.+12^{0}C, humidade suficiente, dias mais curtos, pelo que nas estepes as plantas são menos arbustivas, arbustivas produtivas - cerca de 1, a colheita é formada principalmente à custa das raízes primárias. Em condições mais húmidas com sementeira antecipada, o papel do perfilhamento na formação da produção aumenta, o número de raízes nodais aumenta e o arbusto produtivo aumenta até 1,53.

A temperatura óptima é de +18...+20oC durante a fase de emergência do tubo - floração. Uma temperatura elevada de +38...+40oC durante 10-17 horas provoca a paralisação dos estomas do trigo e a formação de pólen estéril. A emergência do tubo - espiga é um período crítico em termos de humidade, porque nesta altura, juntamente com o facto de o caule continuar a crescer em altura, a superfície foliar cresce, os órgãos reprodutores (espiguetas, flores) são formados em estado embrionário, ou seja, a produtividade potencial da espiga é estabelecida. O consumo de água por fases de crescimento é desigual: brotação - 57%, perfilhamento - 15-20, emergência do tubo - espiga 50-6°, maturação do leite - 2°-30, maturação da cera 3-5%. A falta de humidade e de nutrientes na fase de emergência do tubo - espiga leva à formação de menos espiguetas e flores. A seca e as temperaturas elevadas na fase subsequente da espiga e da floração conduzem à perturbação da polinização e da fertilização, à formação de espiguetas inférteis, de espiguetas ocas e de grãos atravessados. Temperatura óptima durante o período de formação e enchimento do grão +22...+25oC. Temperaturas elevadas +30...+40oC e a presença de ventos secos conduzem a uma diminuição do rendimento e à formação de grãos fracos. Na fase de maturação, é favorável aumentar a temperatura para +25...+280C, o que tem um efeito positivo na qualidade (teor de proteínas e glúten, germinação das sementes). Durante o período de enchimento, o trigo duro tolera melhor as temperaturas elevadas do que o trigo mole, resiste melhor ao tempo seco, mas, em caso de falta de calor, tem uma saída mais fraca de substâncias plásticas para o grão e, em tempo frio, a sua maturação é mais atrasada. Durante a fase de enchimento e de maturação do leite, as geadas do início do outono provocam a formação de grãos queimados pela geada, com más qualidades de panificação e baixa germinação.

°O bom crescimento do trigo de primavera requer uma certa soma de temperaturas activas durante a estação de crescimento igual a 142°-179° C.

Dependendo do solo, da zona geográfica e das condições climatéricas do ano no Altai Krai, o período vegetativo das variedades de maturação precoce varia entre 75 e 85 dias, o das variedades de maturação média entre 85 e 105 dias e o das variedades de maturação tardia entre 105 e 117 dias.

O trigo é exigente em nutrientes prontamente disponíveis no solo, devido ao período relativamente curto de absorção ativa de nutrientes e à reduzida capacidade digestiva do sistema radicular. O trigo duro é o que mais exige em termos de fertilidade, limpeza e estrutura do solo, sendo mais bem sucedido em solos de chernozem e castanheiro; o trigo mole é particularmente favorecido por todos os tipos de chernozem, castanheiro, solos médios e fracamente podzólicos. Nos solos podzólicos, é necessário aplicar cal e fertilizantes orgânicos e minerais. As condições de relevo têm uma grande influência no rendimento do trigo. As zonas pantanosas baixas são também desfavoráveis para o trigo. O trigo não tolera solos ácidos. Podem obter-se rendimentos elevados de trigo de primavera em condições de reação neutra ou ligeiramente ácida (pHsol = 6,0-7,5). O trigo, no período inicial de crescimento, é fortemente suprimido pelas ervas daninhas, pelo que é muito importante semeá-lo em campos limpos de ervas daninhas. Em solos leves, é bem sucedido em zonas mais húmidas. O trigo mole é menos sensível à salinidade do solo do que o trigo duro. De um modo geral, o trigo mole pode ser caracterizado como uma cultura mais plástica.

Um dos principais factores que determinam o valor do rendimento é a variedade. Uma combinação racional de variedades que diferem no período vegetativo permite uma utilização mais eficiente dos recursos climáticos e materiais e rendimentos mais estáveis de ano para ano. O trigo de primavera tem variedades com diferentes tipos de tolerância à seca. As variedades de maturação precoce toleram melhor a seca tardia e as variedades de maturação tardia toleram melhor a seca precoce. Por conseguinte, na estepe árida de Altai, onde o período sem geadas é mais longo e se observa mais frequentemente um tipo de seca precoce, é preferível combinar variedades de maturação média-tardia e média na proporção de áreas de sementeira de 1,5:1. Nas estepes moderadamente áridas e nas estepes florestais de Priobie, estas mesmas variedades na proporção de 1:1,5, e nas estepes florestais dos contrafortes de Salair e Altai, variedades de maturação média-precoce e média na proporção de 2,3:1. Nas zonas de estepe, as variedades com um período prolongado de brotamento e de espiga utilizam mais eficazmente a precipitação estival e, no sopé, as variedades de maturação média-precoce amadurecem mais rapidamente no período mais quente do início de agosto e dão grãos de melhor qualidade. A combinação de variedades com diferentes períodos vegetativos permite que a sementeira e a colheita sejam efectuadas num período de tempo otimamente curto.

Quando se utilizam variedades diferentes, é necessário saber se a variedade é plástica ou, pelo contrário, mais intensiva. Nas condições de Altai, as variedades de trigo intensivas não foram amplamente difundidas, porque, sendo de caule curto, são menos resistentes à seca devido ao fraco desenvolvimento do sistema radicular primário, enquanto o seu sistema radicular secundário, pelo contrário, está muito bem desenvolvido, o que aumenta a sua resistência ao acamamento. Mas em condições de seca, estas variedades não têm oportunidade de mostrar o seu elevado potencial e são inferiores às variedades semi-intensivas, que são mais plásticas, com uma altura de pelo menos 80 cm e bem ramificadas.

As variedades mais plásticas podem ser cultivadas num contexto menos favorável, reduzem menos os rendimentos, e as variedades mais intensivas podem ser cultivadas utilizando métodos de intensificação, em pousio, o que permitirá obter maiores aumentos de rendimento.

3.4. Tecnologia de cultivo

Lugar na rotação de culturas. O trigo tem grandes exigências em relação aos antecessores. Na zona de humidificação insuficiente e instável, o melhor antecessor é o pousio preto, que permite a acumulação e a preservação da humidade, o controlo das ervas daninhas e o aumento do teor de nutrientes no solo. O pousio negro não só contribui para o aumento do rendimento do trigo, como também permite obter um grão de alta qualidade que satisfaz as normas para o trigo forte quando se semeiam variedades adequadas.

Em zonas extremamente áridas, os pares de coulis são de grande importância. Por exemplo, a sementeira de coulis num par na Estação Experimental Agrícola de Kulunda, devido à acumulação de neve, aumentou o teor de humidade da camada de metros para 150 mm, o que, juntamente com a aplicação de fertilizantes, aumentou o rendimento em 0,47 t/ha.

Atualmente, a aplicação de matéria orgânica nos campos é dificultada pelos elevados custos de transporte. Por conseguinte, é economicamente mais favorável cultivar sideratos. Os pousios laterais são especialmente eficazes em zonas mais húmidas. De acordo com os dados da AGAU, o meliloto num pousio lateral aumenta o rendimento do trigo em 0,20-0,25 toneladas/ha, em comparação com o pousio preto. Além disso, o meliloto limpa o solo de podridões radiculares, vermes e nemátodos dos cereais. Isto cria condições para a proteção do solo contra a erosão.

Nas zonas mais húmidas, a importância das gramíneas perenes e das ervilhas como precursoras aumenta, após o que o trigo dá um grão de melhor qualidade. O trigo de primavera é também semeado depois do milho e da batata. A experiência demonstrou que não é aconselhável semear espigas de trigo no mesmo campo mais de dois anos seguidos, devido à grande acumulação de pragas, em especial de escaravelhos. O trigo duro é mais exigente para os antecessores e para a tecnologia de cultivo, pois é uma cultura mais intensiva. É geralmente cultivado em pousio ou em gramíneas perenes. As propriedades biológicas positivas do trigo duro incluem uma menor infestação de pragas e doenças e resistência ao estilhaçamento.

Fertilização. O trigo tem grandes exigências em termos de fertilidade do solo e é muito sensível aos fertilizantes. Em média, o trigo de primavera utiliza 38-42 kg de azoto, 11-12 kg de fósforo e 25-26 kg de potássio para produzir 1 tonelada de grão e a quantidade correspondente de palha. Durante o período de germinação e perfilhamento, o trigo é muito sensível à falta de fósforo, que, em regra, se encontra numa forma de difícil acesso para as plantas. Durante este período, o fósforo promove o crescimento rápido das raízes, aumentando assim a resistência à seca, pelo que deve ser aplicado nas linhas aquando da sementeira na quantidade de 10-15 kg d.w/ha. O fornecimento de fósforo continua até à maturidade.

O azoto é especialmente necessário durante o período de perfilhamento, pois aumenta o arbusto, o número de flores e de espiguetas na espiga embrionária. Quando os adubos foliares azotados são aplicados em fases posteriores (espiga - enchimento), o azoto é armazenado no grão, aumentando a sua qualidade, o que é especialmente importante no cultivo de trigo forte. O potássio é necessário para as plantas desde o perfilhamento até ao enchimento do grão.

Na estepe seca em solos de castanheiro, é aconselhável aplicar pequenas doses de fertilizantes: matéria orgânica 10 t/ha, $N_{20}P_{20}$. Em chernozems meridionais de estepe árida e chernozems lixiviados de estepe moderadamente árida, são mais eficazes doses mais elevadas de fertilizantes minerais $N_{40-60}P_{40-60}$, orgânicos - 10 t/ha. Em chernozems lixiviados e podzolizados, solos florestais cinzentos de estepe florestal e sopé de Salair e Altai - $N_{60}P_{60}K_{60}$, orgânicos - 20 t/ha. O aumento do rendimento do grão com a utilização de doses óptimas de fertilizantes nas zonas de estepe é de 0,15 t/ha, nas zonas de estepe colunar - 0,175 t/ha, nas zonas de estepe florestal e sopé - 0,20-0,24 t/ha. Em todas as zonas edafo-climáticas, com a aplicação de azoto-fósforo e de fertilizantes minerais completos a 40-60 kg/ha, o teor de glúten no grão aumenta 3,0-3,5% e o de proteínas 1,0-1,6%. Os adubos minerais são aplicados durante a lavoura principal a uma profundidade de 12-14 cm GUN-4, KPG-2,2 ou durante a cultura pré-sementeira SZS-2,1, a matéria orgânica é aplicada no pousio durante a lavoura principal, utilizando ROU-6, PT-16.

Lavoura. A principal tarefa da lavoura de trigo nas principais áreas de cultivo é a acumulação e preservação da humidade e a destruição da vegetação infestante. O sistema de lavoura anti-erosão, quando 80% do restolho permanece na superfície, permite acumular mais neve nos campos, protege o solo da erosão eólica e hídrica. De acordo com a Estação Experimental de Kulunda, em todos os anos, o rendimento do trigo de primavera foi 0,16 toneladas/ha superior com a lavoura de corte plano em comparação com a lavoura de aiveca, e 0,4 toneladas/ha superior nos anos secos.

Na estepe, imediatamente após a colheita do antecessor, é efectuada uma lavoura superficial pouco profunda até 12 cm com KPSh-9, OPT-3-5, BMSh-15. Reduzir significativamente as perdas de humidade no outono e na primavera, cobrindo o solo com palha durante a colheita do cereal antecessor com picadores PUN-5 ou cortando e espalhando a palha das fileiras de vento com KIR-1,5. Neste caso, o solo é enriquecido com matéria orgânica. Nas estepes florestais, após a colheita do antecessor, é feito o cultivo do restolho (BIG-3, LDG-15) para matar as ervas daninhas, criar uma camada de cobertura vegetal do solo e, no final do outono, é feita a lavoura plana principal em solos argilosos médios da estepe florestal de Priobie a uma profundidade de 14-16 cm, no sopé - 20-25 cm, utilizando KPSh-9, KPSh-5, KPG-2-150, KPG-2,2, PG-3-5 e outros.

O cultivo antes da sementeira deve conservar ao máximo a humidade acumulada durante o inverno, destruir as ervas daninhas e dividir bem o campo para a sementeira do trigo. Para o efeito, procede-se à gradagem

no início da primavera - as grades BIG-3, BMSh-15 são utilizadas em fundos de restolho, e as grades de dentes são utilizadas em 2 traços na aiveca. No cultivo pré-sementeira em campos cobertos com palha ou com restolho espesso, utilizam-se alfaias de disco LDG-10, LDG-15 com subsequente gradagem BIG-3, BMSh-15, em solos pesados - cultivadores de controlo da erosão como KPE-3,8, após o cultivo em aiveca e em pousio - cultivadores KPS-4 com gradagem. É preferível efetuar o cultivo no dia da sementeira e à profundidade da sementeira.
A aplicação de unidades de lavoura combinadas permite realizar numa só passagem toda a lavoura de pré-sementeira com criação de uma cama de sementes compactada, formação de camada de cobertura vegetal, remoção de ervas daninhas até 97%, o que é equivalente à monda química. Ao mesmo tempo, devido à combinação de várias operações numa só passagem, aumentando a largura de trabalho, o consumo de combustível é reduzido em 2 vezes, a força de trabalho é poupada, o impacto mecânico no solo é reduzido. As mesmas máquinas são utilizadas para a lavoura de inverno com retenção do restolho até uma profundidade de 16 cm.
Os sistemas de lavoura de sementes combinam a preparação da cama de sementes com a sementeira, a fertilização e o revolvimento.
Datas de sementeira. A prática científica determinou as datas de sementeira ideais para condições específicas. Ao determinar a data de sementeira do trigo de primavera, é necessário orientar-se pelo facto de as sementes germinarem a uma temperatura de $+5^0$C, devendo o grão amadurecer a uma temperatura média diária do ar de, pelo menos, $+20^0$C e atingir a maturação cerosa antes do início das geadas do início do outono. Nas zonas orientais e do sopé do Altai Krai, mais húmidas e com uma distribuição mais uniforme da precipitação, mas com um período mais curto sem geadas, a sementeira do trigo deve ser efectuada na primeira década de maio, quando o solo aquece até $+5^{(0)}$C. Ao semear na terceira década de maio, o rendimento e a qualidade são significativamente reduzidos devido ao facto de as plantas utilizarem a humidade do inverno de forma menos eficaz e serem mais afectadas por doenças, em particular a ferrugem. Nas culturas semeadas tardiamente, os danos provocados pela ferrugem coincidem com o enchimento do grão, dando origem a grãos atarracados. As culturas semeadas tardiamente no sopé das montanhas são mais afectadas pela mosca sueca, uma vez que o perfilhamento coincide com o verão em massa das moscas. O enchimento e a maturação tardios ocorrem a temperaturas mais baixas e a uma humidade do ar elevada, o que prolonga este período de 10 a 12 dias e reduz a qualidade do grão (peso de 1000 sementes, nutrição, teor de glúten).

Na estepe há poucas precipitações e estas caem de forma irregular (maio-junho são secos, julho-agosto são mais húmidos). É possível combinar o período crítico de humidade no trigo de primavera com a sementeira no final da II-III década de maio. De acordo com experiências de longo prazo na Estação Experimental Agrícola de Kulunda, o aumento do rendimento do trigo na sementeira na III década de maio é de 0,4 toneladas/ha em comparação com a sementeira na I década.

Nas estepes florestais da região de Altai Priobie, com boas reservas de humidade na camada de solo de 150 mm ou mais, as datas de sementeira precoces são óptimas, pelo que os campos em pousio devem ser semeados, em primeiro lugar, na primeira década de maio. Nos campos com menos reservas de humidade, infestados de aveia, é preferível semear mais tarde, ou seja, de 15 a 25 de maio, depois de ter destruído previamente as ervas daninhas germinadas.

Preparação das sementes. As plantas produzidas a partir de sementes grandes desenvolvem um sistema radicular mais forte, crescem mais depressa, são menos afectadas pela seca, são muito menos afectadas por doenças e dão um rendimento mais elevado.

Para a sementeira, é necessário utilizar sementes condicionadas com as melhores qualidades de sementeira. O peso de 1000 sementes deve ser de 35-40 g para o trigo mole, não menos de 40 g para o trigo duro, força de crescimento do trigo mole - não menos de 80%, trigo duro - 70%.

O aquecimento térmico das sementes ao sol durante 3-5 dias ou em secadores durante 2-3 horas a uma temperatura de +30^{0}C aumenta a germinação e a energia germinativa e é especialmente necessário para as sementes amadurecidas em condições de deficiência térmica.

Antes da sementeira, as sementes são tratadas contra as doenças (galhas, podridões radiculares) utilizando agentes de tratamento de acordo com "Lista de pesticidas e pesticidas autorizados para utilização no território da Federação Russa, por exemplo, Vitavax 75% s.p. - 2,5-3 kg/t, Maxim - 1,5 l/t, Dividend Star - KE 1 l/t. A fertilização é efectuada com a adição de 10 litros de água. Até há pouco tempo, recomendava-se muitas vezes a aplicação de aditivos (concentrado de bardos sulfito-alcoólico, caseína técnica, etc.), mas atualmente são propostas preparações de aditivos que já contêm aditivos.

A preparação é efectuada o mais tardar 15 dias antes da sementeira, utilizando máquinas de preparação PS-10, APS-4.

Foi acumulada alguma experiência na utilização de fertilizantes húmicos, estimuladores de crescimento para tratamento de sementes e tratamento foliar de plantas. Por exemplo, de acordo com os dados do

Departamento de Agroquímica da ASAU, as preparações de SILK, humato de sódio e Tellura-Bio aumentam o rendimento do trigo com o tratamento de sementes até 1,5 c.c. por hectare e com o tratamento de sementes + pulverização na fase de perfilhamento até 2-3 c.c. por hectare. Estas preparações cumprem a função de proteção e são estimulantes do crescimento das raízes, aumentam a germinação no campo, aliviam o stress das plantas quando tratadas com pesticidas. Neste caso, pequenas doses (SILC: 10-20 g/ha, 50-100 g + 10 l água/sementes ou adubos húmicos: 50100 g + 300 litros de água/ha de culturas) tornam a sua aplicação eficaz e economicamente viável.

As taxas de sementeira variam em função da data de sementeira, da humidade disponível e da disponibilidade de nutrientes no solo, das condições meteorológicas e do método de sementeira. As taxas de sementeira óptimas são determinadas para cada zona. O nível de rendimento depende em grande medida da densidade das plantas aquando da colheita. Na zona de estepe do Altai Krai, a densidade deve ser de 200-220 pcs/m^2, na estepe florestal - 300-350, no sopé e no leste - 400-420 pcs/m^2, respetivamente. Tendo em conta a taxa de sobrevivência das plantas, os coeficientes de sementeira devem ser os seguintes (quadro 10).

Quadro 10

Taxas óptimas de sementeira em Altai Krai

Área de cultivo	Taxa de sementeira, milhões de sementes germinadas por 1 ha
Estepe de Kulunda Ocidental	2-3
Kulunda oriental, estepe de Rubtsov-Aleyskaya	3-4
Estepe florestal de Priobskaya	4-5
Estepe florestal dos contrafortes de Salair e Altai	5-6

Na estepe, a taxa de sementeira é reduzida para que as plantas sofram menos com o défice de humidade e, além disso, as plantas desenvolvem-se mais lentamente e utilizam a precipitação estival de forma mais eficiente num estado escasso. Nas zonas mais húmidas, com densidades mais elevadas, as plantas utilizam a humidade de forma mais eficiente, desenvolvem-se mais rapidamente e sofrem menos com o défice de calor e as geadas na maturidade.

Métodos de sementeira. Na prática de produção, o mais comum é o método de linha convencional (com espaçamento entre linhas de 15 cm, semeadores SZ-3.6, SZP-3.6). O método de linha estreita (com espaçamento entre linhas de 7,5 cm, SZU-3.6), o método de linha cruzada, efectuado em duas passagens do semeador com metade da taxa

de sementeira, o método de espalhamento no subsolo (SZS-2.1 com divisores em coulters, complexos de sementeira de processamento do solo PPK-8.2, PPK-12.4, Ob-4, SKP-2.1) têm alguma vantagem, uma vez que permitem distribuir as sementes de forma mais uniforme pela área, o que faz com que as plantas cultivadas se desenvolvam melhor, se oprimam menos umas às outras, aumentem o arbusto produtivo e o poder do sistema radicular, utilizem melhor a luz, a humidade e os nutrientes, combatam melhor as ervas daninhas nas linhas e dêem um aumento de rendimento de 0,2-0,3 toneladas/ha. Nos métodos de fileira estreita e fileira cruzada, a taxa de sementeira é aumentada em 10-12%.
Nas zonas áridas, onde as taxas de sementeira são baixas, a sementeira é efectuada sobre um fundo de restolho e o método das linhas estreitas não tem qualquer vantagem sobre o método das linhas. Na estepe, são frequentemente praticadas datas de sementeira tardias, com a camada superficial do solo a secar até 10 cm. Nesse caso, a sementeira em barba rasa é um método eficaz. A relha do semeador SZS-2,1 é aprofundada em 10 cm, as sementes são colocadas na camada húmida com uma camada de solo de 5 cm por cima, uma vez que o semeador trabalha sem alças, o sulco não é completamente embutido. O solo após a sementeira com estes semeadores permanece ondulado com resíduos de plantas e não é soprado. O nó do perfilhamento forma-se mais profundamente, o que aumenta a resistência das plantas à seca.

A profundidade de sementeira das sementes depende das condições zonais do solo e do clima e varia entre 2,5 e 8 cm. Em solos pesados e coesos, em zonas com humidade suficiente, as sementes são semeadas a uma profundidade de 3-4 cm, em zonas áridas - a uma profundidade de 5-8 cm. A sementeira mais profunda proporciona mais humidade, mas leva ao desbaste dos caules.

Os cuidados com as culturas incluem o controlo do rolamento, das ervas daninhas, das doenças, das pragas e do alojamento.

Ao semear sementes em solo insuficientemente húmido ou solto, é útil enrolar as sementes com rolos de anel. Promove um contacto mais estreito das sementes com o solo, a transferência de humidade das camadas inferiores para as superiores, o que contribui para o aparecimento rápido e amigável de rebentos e para um bom perfilhamento.

A gradagem do trigo de primavera é efectuada em solos pesados, nos quais se pode formar uma crosta que impede a emergência dos rebentos, antes ou depois da germinação. A gradagem pré-emergente é efectuada 3-4 dias após a sementeira, sendo necessário ajustar a profundidade do afrouxamento para não danificar as plântulas, o rebento de trigo não deve ter mais de 1 cm, e as ervas daninhas - na fase de fio branco. São utilizadas grades dentadas e de agulha (BZSS-1.0, BIG-3A). A gradagem das plântulas é efectuada quando as plantas estão bem enraizadas, na fase de 3-5 folhas verdadeiras, para o que se utilizam grades dentadas ou enxadas rotativas. A gradagem deve ser efectuada em toda a cultura.

O trigo de primavera caracteriza-se por um desenvolvimento relativamente lento durante o período vegetativo inicial. Neste sentido, é necessário efetuar o controlo das infestantes, começando o mais cedo possível e terminando antes de o trigo emergir no tubo.

As perdas causadas pelas infestantes variam entre 7 e 50 por cento, dependendo do grau de infestação dos campos. As medidas biológicas de controlo de ervas daninhas são utilizadas para suprimir as ervas daninhas na erva de trigo. Isto é conseguido através de datas de sementeira mais precoces, de uma maior germinação das sementes no campo, da aplicação do método de sementeira em diagonal ou em linhas estreitas, o que contribui para a obtenção de rebentos amigáveis e uniformes.

O controlo de doenças, pragas e ervas daninhas é efectuado tendo em conta o limiar económico de nocividade - isto é, o número de pragas ou o grau de danos às plantas, cuja prevenção justificará economicamente a utilização de medidas activas de proteção das plantas. Para melhorar a qualidade do grão, procede-se à alimentação foliar com fertilizantes azotados. A viabilidade, o momento e as taxas de fertilização foliar são determinados com base no diagnóstico foliar (ver parágrafo anterior).

Estudos mostram que em 10-15% das áreas da zona estepária da Sibéria Ocidental se formam grãos fortes, mas menos de 1% é colhido, porque as explorações não formam lotes comercializáveis, misturando lotes de alta qualidade com lotes de baixa qualidade. Para evitar esta situação, é necessário analisar a qualidade do grão (teor de glúten, %) 1-2 dias antes da debulha nos campos onde se pretende produzir trigo forte, para determinar a ordem de trabalho com o grão na corrente, a fim de evitar possíveis misturas. A determinação principal da qualidade é feita após a transformação do grão na corrente, após o que os resultados são comunicados à estação de receção do pão, a ordem de entrega do grão é acordada e, ao receber o grão na fábrica de transformação, é feita a determinação de controlo da qualidade. Isto permitirá uma venda mais rentável de cereais de alta qualidade.

Colheita. Dependendo do estado das culturas e das condições meteorológicas, o trigo é colhido por método separado (duas fases) ou por colheita direta. A colheita direta é efectuada quando o grão está completamente maduro, quando a humidade do grão é de 18% e a consistência é firme. Este método é utilizado para pães de baixo crescimento, desbastados e demasiado maduros, variedades de caule curto resistentes ao acamamento, bem como em zonas com elevada humidade durante a colheita. A altura de corte é fixada em 10-20 cm; para as variedades de crescimento baixo e acamadas - não mais de 10 cm, para as variedades de caule longo - 15-20 cm.

A colheita separada é iniciada no período de maturação cerosa, quando a humidade do grão é de 35%, o grão tem um aspeto ceroso, pode ser cortado com uma unha, o seu conteúdo não é espremido e não se enrola numa bola. As plantas são ceifadas em faixas pelas barras de corte ZhVN-6A, ZhVR-10, ZhNS-6-12. A altura de corte é de 15-25 cm. A largura da faixa é de 1,6-1,7 m, a espessura é de 0,25 m - nas zonas meridionais, 0,15-0,18 m - nas zonas húmidas. Após 3-6 dias, inicia-se a debulha do grão com humidade a partir de 20%. A colheita em duas fases é utilizada para as variedades de caules altos, de maturação irregular, de acamamento e de estilhaçamento, bem como para as culturas infestantes. A densidade do caule deve ser de, pelo menos, 250-300 plantas por 1 m^2. As plantas devem ser ceifadas ao longo das linhas para garantir um melhor empilhamento dos caules nas faixas. Para a colheita das faixas, utilizam-se ceifeiras-debulhadoras do tipo convencional ou rotativo: "Don-1200", "Don-1500", "Yenisei-1200", SK-5M "Niva", SK-6 "Kolos", SK-10 "Rotor" equipadas com apanhadores.

O método de duas fases permite iniciar a colheita mais cedo, evitar perdas por estilhaçamento e obter grãos secos adequados para entrega no elevador sem processamento adicional, o que reduz a quantidade de trabalho de limpeza e secagem dos grãos. A colheita em duas fases é especialmente importante em zonas com um longo período de maturação do pão e um curto período de colheita. O método bifásico é também preferível para a colheita de grão de semente, uma vez que as sementes são menos traumatizadas, o que aumenta a germinação.

Apesar das vantagens significativas da colheita em duas fases, esta deve ser combinada de forma racional com a colheita em uma fase. Por exemplo, em caso de mau tempo durante o período de colheita, é preferível a colheita direta, porque nestas condições as espigas na raiz secam mais rapidamente do que nas faixas.

Particularidades da colheita do trigo duro. O trigo duro tem uma espiga mais densa, pelo que a sua debulha é mais difícil, e o grão vítreo com um embrião grande e convexo fica mais traumatizado, pelo que, para evitar perdas por não debulha e traumatismos do grão e do embrião, é preferível colher esta cultura com ceifeiras de tambor duplo.

A colheita deve ser efectuada num curto espaço de tempo - dentro de 6-7 dias e sem perdas. Se a colheita for atrasada, as perdas de grãos aumentam e a qualidade deteriora-se. A qualidade da colheita é avaliada através dos seguintes indicadores: perdas atrás da ceifeira - não mais de 1%, alojadas - 2,5, atrás do apanhador - 0,5, não debulhadas e não sacudidas - 1, esmagamento de grão alimentar - 1, grão forrageiro - 2%. A carga de colheita de espigas numa ceifeira-debulhadora é de cerca de 100 hectares, em alguns casos aumenta até 200 hectares.

CAPÍTULO 4

4. CULTURAS FORRAGEIRAS

4.1. Importância, distribuição, rendimento

As culturas forrageiras incluem a cevada e a aveia. O grão destas culturas é utilizado tanto para fins alimentares como para forragem.

O grão vítreo da cevada é utilizado para fabricar pérolas e grumos de cevada. A proteína da aveia contém todos os aminoácidos essenciais, o grão é rico em vitaminas B, ferro, cálcio, fósforo, pelo que o grão de aveia é utilizado no fabrico de produtos dietéticos (grumos de aveia, hércules, tolkono, bolachas, café). A farinha de cevada e de aveia pode ser adicionada à farinha de trigo (15-20%), se necessário, uma vez que, na sua forma pura, não é adequada para a panificação. A composição química dos cereais é apresentada no quadro 11.

Quadro 11

Composição química do grão, % de ASV

Cultura	Proteína	BEV	Gorduras	Fibra	Cinzas
Aveia	11,7	68,5	6,0	11,5	3,4
Cevada	12	64,6	2,1	5,5	2,8

A cevada e a aveia são as principais culturas forrageiras. O grão, como forragem concentrada, contém em 1 kg - 1,27 k.u. de cevada e 1 k.u. de aveia e é utilizado para a engorda de animais. -A aveia e é utilizada para a engorda de animais.

O grão de cevada é utilizado na indústria cervejeira para o fabrico de malte. A cevada de duas filas com um peso de 1000 sementes de, pelo menos, 42 g, uma natura de, pelo menos, 610 g/l, equalizada, com pouca película, com uma película não superior a 8-10% é adequada para este fim. Uma vez que o malte é preparado a partir de cevada germinada, é importante que a energia de germinação seja de, pelo menos, 90-95%. O grão deve ter um baixo teor de proteínas de peso molecular predominantemente elevado de 9-11%, um teor de amido de pelo menos 60% e uma extractividade (o teor de matéria orgânica que pode ser transferido para uma solução aquosa sob a influência das enzimas do malte de cevada) de pelo menos 78%.

Importância agrotécnica. A aveia quase não sofre de podridões radiculares, o trigo depois da aveia é menos infetado por podridões radiculares, pelo que a aveia é considerada uma cultura "sanitária" e, em explorações com elevada agrotecnia, pode ser um bom precursor do trigo.

A área semeada no mundo é de cerca de 79 milhões de hectares de cevada e 26 milhões de hectares de aveia. Na Rússia, são semeados cerca de 16 milhões de hectares de cevada e 8,3 milhões de hectares de aveia. A cevada está mais disseminada no Norte do Cáucaso, no Cáucaso Central, na região de Não-Chernozem, nos Urais e na Sibéria, enquanto a aveia é mais comum na região de Não-Chernozem e na Sibéria. Entre as primeiras culturas de primavera, a cevada e a aveia, sendo as culturas mais plásticas, dão rendimentos mais estáveis, com uma média nacional de cerca de 1,6 toneladas/ha, enquanto os rendimentos potenciais podem atingir 3-7 toneladas/ha. No Krai de Altai, o rendimento é, em média, de 1,5-1,6 toneladas/ha no Krai e de 3,0-3,5 toneladas/ha nas parcelas de variedades.

4.2. Classificação da cevada

O género Hordeum L. tem muitas espécies, das quais a espécie Hordeum sativum Jessen é cultivada. Esta espécie divide-se em subespécies 1) Hordeum vulgare L. - é a cevada de várias fileiras ou cevada comum, em que as três espiguetas se desenvolvem e produzem grãos na inflorescência da espigueta em cada ápice do caule da espigueta; 2) Hordeum distichon L. - é uma cevada de duas fileiras em que uma das três espiguetas no ápice da haste da espigueta está desenvolvida - a do meio, e as duas laterais são estéreis. As espiguetas frutíferas estão dispostas num plano, o que confere à espiga uma forma de fileira dupla; 3) Hordeum intermedium Vav. et.Orl. - cevada intermédia, um a três grãos podem desenvolver-se numa saliência.

As subespécies de cevada com várias linhas estão divididas em grupos 1) cevada com seis filas corretas (hexagonal) - hexastichum L. - a espiga é densa, grossa, curta, na secção transversal tem a aparência de um hexágono regular; 2) cevada com seis filas incorrectas (tetraédrica) - tetrastichum L. - a espiga é menos densa, as filas de grãos não estão corretamente dispostas, as espiguetas laterais ficam atrás umas das outras, na secção transversal forma um quadrilátero (Fig. 7).

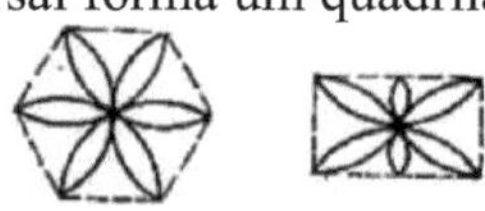

12

Figura 7. Diagrama da disposição dos grãos na cevada com várias fileiras: *1 - corretamente em seis filas; 2 - incorretamente em seis filas*

A subespécie de cevada de duas linhas divide-se em grupos 1) nutantia R. Red., em que as espiguetas laterais estéreis têm escamas de espiguetas e de flores; 2) deficientia R. Red., em que as espiguetas laterais são constituídas apenas por escamas de espiguetas. Nas culturas, a cevada de duas linhas é representada pelo grupo nutantia, e o grupo deficientia ocorre como uma mistura.

A cevada de fileira múltipla e a cevada de fileira dupla estão muito difundidas no nosso país. A cevada de fileira múltipla é mais rápida e resistente à seca do que a cevada de fileira dupla, mas o seu grão não é adequado para a produção de cerveja, pois é irregular, os grãos laterais são mais pequenos e curvados na base.

As subespécies de cevada dividem-se em variedades. As mais difundidas no país são as variedades Nutans, Medi-Cum e Pallidum

(Quadro 12).

Quadro 12 Caraterísticas distintivas das variedades de cevada

Variedades	Coloração de espigas	Densidade da orelha	Pontos irregulares	Espumação de grãos
Cevada de várias fileiras. Grupo Tetrastichum				
Pallidum	Amarelo	Solto	Despedaçado.	Plench.
Nigrum	Preto	Solto	Despedaçado.	Plench.
Ricotenze	Amarelo	Solto	Suave	Plench.
Celeste	Amarelo	Solto	Despedaçado.	Nua
Trifurcatum	Amarelo	Solto	Em vez de espículas, apêndices trilobados	Nua
Cevada de fileira dupla. Grupo Nutantia				
Nozes	Amarelo	Solto	Dentada a todo o comprimento	Plench.
Nigrikans	Preto	Solto	O mesmo	Plench.
Medicum	Amarelo	Solto	Liso, ligeiramente serrilhado na parte superior.	Plench.
Persicum	Preto	Solto	O mesmo	Plench.
Nudez	Amarelo	Solto	O mesmo	Nua

O grão de cevada é largo, comprimido dos lados, peludo, as escamas florais estão fortemente fundidas com o grão. A capacidade de saciedade é de 9-11% na cevada de duas filas e de 10-13% na cevada de várias filas.

O peso de 1000 sementes é de 40-60 g. O grão das variedades holo-grão é mais rico em proteínas, mas as formas de película são utilizadas na produção, uma vez que não se desfazem e são mais produtivas.

4.3. Classificação da aveia

O género de aveia Avena L. pertence à família das gramíneas Poaceae. Avena L. inclui espécies cultivadas e selvagens de aveia (aveia).

A aveia cultivada no nosso país pertence principalmente à espécie Avena sativa L., que tem 2n = 42 cromossomas.

Esta espécie divide-se em dois grupos de acordo com a forma das panículas: 1) difusa - a panícula é espalhada, com ramos que saem do eixo principal em diferentes direcções; 2) orientalis - a panícula é mono-vassoura, os ramos são curtos, firmemente pressionados ao caule principal e, na maioria dos casos, orientados numa única direção. As formas de agulha única têm uma maturação mais tardia, são mais resistentes ao estilhaçamento e à poeira e amadurecem mais uniformemente (Fig. 8).

1 2

Figura 8. Principais tipos de panículas de aveia semeada:

1 - de espalhamento; 2 - de chifre único

As espécies cultivadas de aveia - bizantina e arenosa - são de menor importância para a produção (quadro 13).

Caraterísticas distintivas das espécies de aveia

Quadro 13

Nome da espécie	Carácter da base do grão inferior	Estrutura do ápice das escamas exteriores das flores	Número e carácter dos toldos na espigueta
Aveia comum (Avena fatua L.)	Ferradura de todos os grãos. Ao cair das escamas da espigueta, todos os grãos caem isoladamente	Sem espículas.	Pelo menos dois nós dos dedos ásperos
Aveia do Sul (Avena ludoviciana Dur.)	Ferradura de um só grão inferior. Ao cair das escamas da espigueta, os grãos caem todos juntos - aos pares ou aos trios	Sem espículas.	Dois dentes patelares grosseiros
Aveia mediterrânica (Avena sterilis L.)	A ferradura está presente apenas no grão inferior de cada espigueta. Quando os grãos caem todos juntos - aos pares ou aos trios	Sem espículas.	Dois dentes patelares grosseiros
Aveia semeada (Avena sativa L.)	Sem ferradura. A base do grão inferior é reta; durante a debulha, o grão superior é separado no topo do caule	Sem espículas.	Um toldo ou sem toldo
Aveia Aveia bizantina (Avena	Sem ferradura. A base do grão inferior é ligeiramente biselada, a haste do segundo	Sem acuminação osteoide	Normalmente duas hastes, raramente uma

byzantina C. Koch.)	grão parte-se ao meio durante a debulha		ou ausente
Aveia arenosa (Avena strigosa Sehr eb.)	A ferradura não existe. O grão inferior assenta na haste	Com duas espículas de 3-6 mm de comprimento	Normalmente, existem dois arcos rugosos

A aveia bizantina ou mediterrânica é interessante para os criadores devido à sua resistência à seca e à imunidade às doenças fúngicas. Nas regiões de clima ameno, é semeada no outono.

Outras espécies de aveia encontram-se nas culturas exclusivamente como herbicidas. Estas incluem: das espécies cultivadas, a aveia-das-areias (Avena strigosa Schreb.), também designada por aveia de cerdas, e das aveias selvagens, a aveia-comum (Avena fatua L.) e a aveia-do-sul (Avena ludoviciana Dur.).

As variedades de grão branco são as mais utilizadas (quadro 14); têm grãos maiores mas palha mais grossa. As variedades de grãos amarelos têm grãos mais pequenos, mas têm uma menor percentagem de escamas, são mais ricas em gorduras e vitaminas e são mais resistentes à seca. As formas de invernada de grão cinzento são utilizadas no sul da Europa. As formas de grão castanho são utilizadas nos pântanos drenados.

Quadro 14 Variedades de aveia semeada

Espuma de grãos	Coloração das escamas das flores (grãos)	Espiguetas	Forma da vassoura	
			extenso	único
Cativo	Branco	Sem cabras	Mutika	Obtuzata
-	-	espinhoso	Aristata	Tartarica
-	Amarelo	Sem cabras	Áurea	Flava
-	-	espinhoso	Krausei	Liguleta
-	Cinzento	Sem cabras	Grisea	Borealis
-	-	espinhoso	Cinerea	Armata
-	Castanho	Sem cabras	Brunnea	Tristis
-	-	espinhoso	Montana	Pugnax
Nua	Branco	Sem cabras	Inermis	Gymnocarpa
-	-	espinhoso	Hinenzis	-

4.4. Caraterísticas biológicas da cevada e da aveia

A cevada de primavera e a aveia pertencem às culturas de início de primavera, são plantas de dias longos com baixas necessidades de calor. A temperatura mínima de germinação é de +1...+20C, para obter plântulas viáveis é necessário +4...+5, a temperatura óptima é de +20C.
+15$^{(0)}$)C. Na germinação, as sementes de cevada absorvem até 50% da umidade do peso da semente, aveia - 60%. Pequenas geadas -4 ... -50C as mudas suportam sem danos, na fase de três folhas até -8, mas na fase de floração e enchimento as geadas -1,5 ... -2 ^{0} C levam à morte do pólen e à perda da germinação das sementes. A temperatura óptima entre a

germinação e a espiga é de +18...+22^{0}C, na maturação do grão +23...+24^{0}C. A cevada é mais resistente a temperaturas elevadas. A paralisação dos estomas à temperatura de +40^{0}C ocorre na cevada em 25-30 horas, na aveia - em 4-5 horas, no trigo - em 10-17 horas. A soma das temperaturas activas para o pleno desenvolvimento é de 1000-1500^{0}C para as variedades de maturação precoce e 1800-2000^{0}C para as variedades de maturação tardia. Estas culturas caracterizam-se pela autopolinização, sendo a cevada uma autopolinizadora estrita, florescendo mesmo antes de a espiga emergir.

Entre as culturas do início da primavera, a cevada é a mais resistente à seca, tolerante ao sal e consome pouca humidade. Coeficiente de transpiração da cevada - 350-400.

A maior tolerância desta cultura à seca está relacionada com a sua maturidade precoce e a sua capacidade de utilizar intensivamente os nutrientes durante as primeiras fases de crescimento. Especialmente tolerantes à seca são as culturas de cevada com várias fileiras, de maturação precoce.

A aveia é mais apreciadora de água do que a cevada e o trigo, mas tolera melhor as secas do início da primavera devido ao seu sistema radicular de desenvolvimento rápido. O coeficiente de transpiração da aveia é de 474.

O período crítico em termos de humidade é a emergência do tubo - espiga (brotamento na aveia), quando a espiga e a panícula se formam em estado embrionário. Na aveia, o período crítico é mais longo e inclui a emergência dos tubos, a emergência das espiguetas e a floração. Se houver falta de humidade durante este período, o número de espiguetas inférteis aumenta. A cevada é resistente aos "incêndios" e às "convulsões", mas a seca do início da primavera é mais mal tolerada do que a aveia, devido ao fraco desenvolvimento do sistema radicular durante este período.

O período de consumo intensivo de nutrientes na cevada é curto, o que, juntamente com a baixa capacidade digestiva das raízes, torna a cevada mais exigente em termos de fertilidade do solo. Os solos férteis, franco-argilosos e de média densidade são adequados para a cevada; os solos ácidos, encharcados, arenosos ligeiros e sem melhoramento adequado são de pouca utilidade. O pH ótimo é de 6,8-7,5. A cevada desenvolve-se melhor em solos ligeiramente salinos do que o trigo e a aveia.

A aveia é menos exigente em termos de fertilidade do solo do que o trigo e a cevada, uma vez que o seu sistema radicular tem a capacidade de extrair do solo nutrientes difíceis de solubilizar. Pode crescer em solos argilosos, argilosos e turfosos. Tem mais sucesso do que outros pães em solos ácidos com pH 5-6. Os solos solonetz não são adequados para ele.

As boas qualidades malteiras da cevada formam-se quando esta é cultivada em zonas com um regime de temperatura moderada e humidade suficiente, com solos relativamente pouco húmidos, com boa fertilidade e boa qualidade do solo. solos com boa permeabilidade à água.

4.5. Tecnologia de cultivo

Na rotação de culturas, a cevada e a aveia são colocadas depois das culturas em linha (milho, batata, beterraba), das leguminosas, das culturas de inverno, dos pousios e das gramíneas perenes. Não é recomendável colocar a aveia depois da beterraba, uma vez que têm uma praga comum - o nemátodo. Ao colocar a cevada na rotação de culturas, é necessário ter em conta o objetivo do cultivo. Depois das leguminosas e das gramíneas perenes, o grão de cevada contém muitas proteínas, o que é importante quando é utilizado para fins forrageiros e alimentares. A lavoura deixa os campos limpos de ervas daninhas, esgotando significativamente o solo de azoto, pelo que a cevada para malte semeada sobre estes predecessores dá um elevado rendimento de grão com um elevado teor de amido. Não se recomenda a sementeira de cevada para a indústria da cerveja em terrenos de elevada fertilidade e ricos em azoto.

Lavoura de outono (principal). Nas zonas de estepe com solos de composição mecânica ligeira, é eficaz uma lavoura superficial de 10-12 cm (imediatamente após a colheita do antecessor) com alfaias KPSh-5, KPSh-9, OPT-3-5, deixando 80% do restolho à superfície para proteger o solo da erosão. Nas zonas mais húmidas das estepes florestais e dos contrafortes, após a colheita do antecessor, o restolho é tratado à superfície com descascadores, grades de agulhas ou grades de discos para matar as ervas daninhas, criar uma camada de cobertura morta e evitar a evaporação da humidade. Após a duas semanas após a lavoura de superfície no final do outono, é efectuada a principal lavoura plana: em solos argilosos médios das zonas de Priobskaya e Biysko-Chumyshskaya do Altai Krai a 14-16 cm, em terrenos inclinados - a 2022 ou 25-27 cm para melhor absorção da água de fusão e redução do seu escoamento. Em solos pesados, na zona do sopé da montanha, o cultivo com povoamentos C - BIME, arados de cheesel a 27-30 cm nas encostas, dá bons resultados. A lavoura é aceitável após as culturas em linha para silagem (milho, girassol) e as gramíneas perenes.

A lavoura no início da primavera começa com uma gradagem de 4-5 cm para cobertura e nivelamento do solo com BIG-3A, BMSh-15 em lavoura de corte plano, e em grão moldado - com grades dentadas na lavoura principal. A superfície irregular é revolvida.

A cultura de pré-sementeira na zona de estepe em campos limpos é

combinada com a sementeira, utilizando a semeadora-cultivadora SZS-2,1, complexos de sementeira do tipo "Kuzbass". Os campos obstruídos no dia da sementeira são cultivados até à profundidade da sementeira por cultivadores de controlo da erosão com rolo. Na zona de estepe florestal, em fundos de tabuleiro e de restolho esparso, o tratamento pré-sementeira é feito com cultivadores KPS-4 com gradagem, na presença de restolho denso - com grades com subsequente gradagem com grades de agulhas ou KPE-3,8 com gradagem e rolamento.
O consumo de até 50% dos nutrientes na cevada ocorre na fase de perfilhamento - espiga, e o sistema radicular desenvolve-se muito lentamente, pelo que é necessário um elevado fornecimento de nutrientes. Os aportes de nutrientes são apresentados no quadro 15.

Quadro 15

Remoção de elementos nutritivos por 1 tonelada de grão e subprodutos relacionados, kg

Cultura	N	P	K
Cevada	25-30	10-12	20-24
Aveia	27-31	10-12	22-29

A aveia, devido ao seu sistema radicular bem desenvolvido e com grande capacidade digestiva, utiliza eficazmente a fertilidade e os nutrientes do solo após o antecessor e os efeitos secundários da matéria orgânica. É preferível aplicar fertilizantes orgânicos sob o antecessor 15-20 t/ha. Na cultura da cevada, recomenda-se a aplicação da taxa total de fertilizantes azotados em combinação com fertilizantes de fósforo e potássio. Ao calcular a taxa de aplicação de fertilizantes, é necessário ter em conta a remoção de nutrientes, o seu teor no solo, os coeficientes de utilização do solo e do fertilizante.
Para efeitos de maltagem, a taxa de fertilizantes azotados para a cevada é reduzida em 20-25%. Nas experiências do ANIIZiS, a aplicação de fertilizantes na cevada para malte em crescimento $N_{45}P_{60+20}K_{60}$ proporcionou um aumento de 0,37-0,59 t/ha de grão, e em anos húmidos - até 1,3 t/ha.
Preparação das sementes para sementeira. Para a sementeira é necessário utilizar sementes acondicionadas com pureza não inferior a 97%, germinação não inferior a 87% (GOST R 52325-2005), com um peso de 1000 sementes 38-40 g. A aveia forma 2-3 grãos numa espiga, os grãos mais baixos são maiores e dão um rendimento mais elevado, pelo que é aconselhável seleccioná-los para sementeira em triers. Antes da sementeira, as sementes são submetidas a um aquecimento por ar quente, o que aumenta a sua germinação em 10%. Tratamento das sementes para destruição das infecções das sementes e do solo por preparações sistémicas Dividend Star KE 1l/t, Premis 1,5l/t e outras.

Durante o tratamento, é aconselhável utilizar microfertilizantes: sulfato de magnésio (0,7 kg/t), sulfato de zinco (0,8 kg/t), humato de sódio (0,75 kg/t), o que aumenta o rendimento em 0,25 t/ha.

Semeadura. As condições agrotécnicas para a sementeira de culturas de cevada e aveia no início da primavera são determinadas por uma temperatura do solo de +5 ^{0}C na profundidade de sementeira. No Altai Krai, o aquecimento do solo até essa temperatura coincide com a maturação física do solo no início de maio. Nas zonas de floresta-estepe mais húmidas do sopé das montanhas, com uma distribuição relativamente uniforme da precipitação durante a estação de crescimento, estas culturas resistentes ao frio devem ser semeadas no início de maio. Neste caso, as plantas utilizam mais eficazmente as boas reservas de humidade do inverno e da primavera e, além disso, as sementeiras efectuadas em datas precoces têm tempo de terminar a fase de perfilhamento na altura do verão maciço da mosca sueca e são menos danificadas por esta praga. Também é preferível semear a cevada para malte o mais cedo possível, porque o grão é formado com uma energia de germinação mais elevada.

Quando se cultivam cereais forrageiros em condições áridas da zona estepária com uma distribuição desigual da precipitação, quando as reservas de humidade antes da sementeira na camada de metro do solo não excedem 150 mm, é melhor semeá-los em datas posteriores de 15-25 de maio, de modo a que o período crítico para a produção de humidade no tubo - espiga (espigueta) coincida com uma grande quantidade de precipitação em julho, e o período do início da primavera seja utilizado para a provocação e destruição da aveia.

A taxa de sementeira da cevada e da aveia por zonas da região é diferenciada da seguinte forma: na estepe de Kulunda - 2-3 milhões de sementes germinadas por 1 ha, na estepe de Aleyskaya - 3-4, na estepe florestal de Priobie - 4-5, na estepe florestal do sopé - 5-6 milhões de pcs/ha. A cevada para malte é cultivada em culturas densas (taxa de sementeira - 5,5-6 milhões de peças/ha), de modo a que haja menos podridão (caules laterais com espigas pequenas), o que significa que o grão será mais uniforme. Além disso, nestas culturas, a cevada amadurece mais rapidamente, o teor de proteínas no grão diminui, o que significa que o teor de amido aumenta.

A profundidade ideal de sementeira é de 4-6 cm, com as sementes sobre uma camada de solo húmido e compactado. Em solos pesados, a profundidade deve ser reduzida para 3-4 cm e, em solos leves, aumentada para 6-8 cm. As sementes de aveia podem ser semeadas um pouco mais fundo, uma vez que tem um coleóptilo mais longo e praticamente não reage a profundidades de sementeira de 3-8 cm.

A cevada e a aveia são semeadas mais frequentemente por sementeira em linha, com um espaçamento entre linhas de 15 cm. Em datas de sementeira tardias na estepe, quando a camada superficial do solo está a secar, o método de sementeira lateral pouco profunda, quando as sementes se encontram a uma profundidade de 10 cm com 5 cm de solo solto por cima, dá bons resultados. Para o efeito, utiliza-se o semeador SZS-2,1. Em condições mais húmidas, é vantajoso o método de sementeira em cruz ou em linhas estreitas, em que o rendimento pode ser superior em 0,2 toneladas/ha devido a uma distribuição mais uniforme das plantas e a uma utilização mais eficiente da luz, da água, dos nutrientes e à redução das ervas daninhas. A cevada destinada à indústria da cerveja semeada com

As culturas em linhas estreitas ou cruzadas produzem grãos mais uniformes em termos de tamanho e maturação. O rendimento e a qualidade aumentam quando as linhas são orientadas de sul para norte.

Cuidados a ter com a sementeira. Após a sementeira, é necessário revolver as sementes para igualar a profundidade, melhorar o regime térmico e hídrico do solo, aumentar a germinação no campo, mas se o solo estiver húmido no momento da sementeira, é preferível semear sem rolos e revolver no dia seguinte com rolos de anel. O controlo das ervas daninhas é feito através da gradagem pré-emergente 4 dias após a sementeira, quando as ervas daninhas estão na fase de fio branco, e da gradagem pós-emergente, quando as plantas de cevada estão na fase de 3 folhas - perfilhamento. Durante o período de vegetação, controlar as doenças, as ervas daninhas e as pragas, tendo em conta os limiares económicos de nocividade, com a utilização de preparações autorizadas.

Colheita. A cevada amadurece em tempo útil. No início da maturação completa, as espigas tornam-se frágeis e caem, pelo que se a colheita for atrasada, perde-se parte da colheita. A cevada é colhida separadamente na fase de maturação cerosa, quando a humidade do grão é de 35%. A colheita direta começa com a maturação completa e com um teor de humidade não superior a 20%. A cevada para malte deve ser colhida diretamente na fase de maturação completa, porque nas plantas da raiz, desde a maturação cerosa até à maturação completa do grão, se estabelece uma combinação favorável de proteínas e hidratos de carbono. A debulha deve ser efectuada com um teor de humidade de 15-16%, a 1000-1400 rotações do tambor por minuto, para que o grão seja menos traumatizado. O grão é também menos traumatizado aquando da debulha em ceifeiras-debulhadoras de tambor duplo. Se os campos estiverem obstruídos e a cevada não amadurecer ao mesmo tempo, é mais adequado utilizar a colheita separada.

Antes da colheita, são formados lotes de grãos homogéneos em termos de qualidade: grãos forrageiros de valor, grãos para cerveja. Para o efeito, são colhidas amostras de grãos nos campos para uma avaliação preliminar do teor de proteínas, da grossura, da uniformidade e de outros indicadores. Ao chegarem à corrente, os grãos devem ser limpos, secos e selecionados. O regime de secagem da cevada para malte é o mesmo que o das sementes, ou seja, não é permitido aquecer as sementes a uma temperatura superior a 45^0C.

A aveia tem um tempo de maturação mais longo do que a cevada e o trigo porque tem uma inflorescência em panícula, cuja parte superior amadurece mais rapidamente. A diferença no teor de humidade do grão pode ir até 5%: na parte superior, o grão está maduro e tem um teor de humidade de 17; na parte inferior, o grão tem um teor de humidade de 23%. Além disso, a palha na parte inferior da aveia permanece verde e húmida durante muito tempo. Por conseguinte, a aveia é mais frequentemente colhida separadamente, começando a ser ceifada quando o grão na parte média da panícula está maduro e ceroso. Também é possível colher diretamente no início da maturação completa.

Na Sibéria, é interessante alimentar os animais com plantas inteiras de culturas cerealíferas forrageiras sob forma tecnologicamente transformada (silagem, feno, monoalimentação seca sob a forma de pellets ou briquetes). A colheita completa, sem debulha, da cevada, da aveia ou das suas misturas começa na fase de maturação da cera do leite, as plantas são ceifadas, cortadas, utilizadas para feno, silagem ou monoalimentação seca.

5. *CUCURUZA*

5.1. Importância e utilização, distribuição e rendimento

O milho é uma das culturas mais produtivas e difundidas. 25% do grão produzido é utilizado para a alimentação humana, 60% para a alimentação do gado e o restante para transformação. O grão de milho contém de 9 a 12% de proteínas, 77% de amido, 4 a 8 de gordura, 2 de cinzas, 2,5% de fibras, sais minerais e vitaminas. O grão é utilizado para produzir farinha, grumos, cereais, flocos, conservas, amido, álcool, cerveja, glucose. Do gérmen extrai-se óleo e vitamina E. Os estigmas são utilizados na medicina. Nos EUA e noutros países, 50% das necessidades de açúcar são satisfeitas pela produção de melaço, açúcar amiláceo e glucose a partir do milho.

Os cereais são utilizados para a alimentação do gado. 1 kg de grão contém 1,3 k.u., mas não contém proteínas suficientes. Existem 78 g de proteínas digeríveis por 1 k.u. no grão de milho, enquanto que, de acordo com as normas zootécnicas, são necessários 115 g.

O milho na Sibéria é, antes de mais, uma cultura de silagem. Em 100 kg de silagem de milho com espigas de maturação cerosa contém 21 k.u. e 1800 g de proteínas digeríveis. A silagem tem uma boa digestibilidade e tem propriedades molokogonichnymi. O milho também é utilizado como forragem verde, rica em caroteno, mas o valor alimentar da massa verde sem espigas é duas vezes inferior.

O milho é uma cultura em linha e é um bom precursor, deixando os campos livres de ervas daninhas.

O milho ocupa o primeiro lugar no mundo em termos de rendimento bruto e o segundo a seguir ao trigo em termos de área cultivada, abrangendo 132 milhões de hectares (EUA, Argentina, Brasil, México, China, Índia, Europa) com um rendimento médio de 3,7 toneladas/ha. Na Rússia, a área semeada para a cultura de cereais é de 0,5 milhões de hectares (Stavropol, Território de Krasnodar, Região do Volga, Zona Central Central), com um rendimento médio nacional de 1,7 toneladas por hectare. Nos EUA, o rendimento em grão é de 6 toneladas por hectare. Para silagem, esta cultura é cultivada em todo o lado, incluindo a região da Terra Negra, a Sibéria e o Extremo Oriente, com um rendimento de cerca de 20 toneladas/ha, embora o rendimento potencial seja de 30-50 toneladas/ha, e até 80 toneladas/ha sob irrigação.

No Krai de Altai, o milho para grão é semeado em 1500 ha na zona de estepe de Kulunda, com rendimentos de 0,5 a 2,3 toneladas/ha em diferentes anos. A área de milho semeado para silagem no Altai Krai diminuiu significativamente para 300 mil hectares, com um rendimento de 17 toneladas/ha.

5.2. Classificação e caraterização botânica milho

O milho (Zea mays L.) pertence à família das gramíneas (Poaceae). As espécies de milho cultivado incluem subespécies que diferem em termos de caraterísticas (Quadro 16).

Quadro 16 Caraterísticas distintivas dos grãos das diferentes subespécies de milho

Subespécie	Superfície do grão	Topo do grão	Endosperma em forma de chifre	Endosperma farináceo	Grão (tamanho e forma)
Em forma de dente (inden- tata).	Suave	Entalhado	Desenvolve-se apenas nos lados do grão	Desenvolvem-se no centro do grão e no vértice, sob a indentação	Grande, alongado
Silicioso (indù- rata)	O mesmo	Arredondado	Grão fortemente desenvolvido, com um desempenho quase sólido	Disponível apenas no centro do grão	Pequenas, arredondadas, comprimidas nas faces ventral e dorsal
Amiláceo (amy- lacea)	O mesmo	O mesmo	Ausente	Vai com o grão	O mesmo, mas com grão grosso
Rebentamento (everta)	O mesmo	Arredondado ou pontiagudo	Fortemente desenvolvido	Presente no embrião ou ausente	Raso, arredondado, ligeiramente comprimido
Açúcar (saccharata)	Sou um artista das rugas	Rugas e rugas	É tudo grão.	Ausente	Grandes e médios, arredondados, esmagados

O sistema radicular é axilar, bem desenvolvido, capaz de penetrar até 3 m de profundidade, tem 4 tipos de raízes: 1) raiz germinativa; 2) raízes laterais na raiz germinativa formam o sistema radicular primário; 3) raízes secundárias dos nós subterrâneos do caule; 4) raízes auxiliares de suporte dos nós inferiores do caule acima do solo. A massa principal de raízes encontra-se na camada de 50-60 cm. O caule é ereto, arredondado, parenquimatoso, com 0,5 a 3 m de altura, por vezes ramificando-se na parte acima do solo, formando rebentos. As folhas são lineares, grandes, de 8 a 25 numa planta. Existem dois tipos de inflorescências: masculina - a panícula está localizada no topo do caule ou nos ramos laterais, e feminina - a espiga está localizada nas axilas das folhas. O milho é uma planta de polinização cruzada e polinizada pelo vento. As flores femininas têm um pistilo com um ovário grande e uma coluna muito longa que se estende para além do invólucro da espiga durante a floração. A inflorescência masculina floresce 3 a 8 dias

antes, o que assegura a polinização cruzada.
O fruto é uma vagem com sementes nuas de cor branca, amarela, creme e laranja. O peso de 1000 sementes é de 100 a 499 g.
Para a sementeira do milho, são utilizadas sementes híbridas, obtidas por cruzamento de variedades ou de linhas autogâmicas. Consoante as formas parentais, são utilizados híbridos intervarietais, híbridos varietais-lineares, híbridos inter-lineares.
Os híbridos são 25-30% mais produtivos do que as variedades devido ao efeito da heterose. As sementes híbridas da primeira geração proporcionam o máximo aumento de rendimento; após a ressemeadura, o efeito da heterose é significativamente reduzido, pelo que os híbridos são reproduzidos anualmente. Para comparar os híbridos de diferentes países do mundo em termos de maturidade, a Organização das Nações Unidas para a Alimentação (FAO) desenvolveu uma escala de classes de maturidade do milho. Atualmente, quando se atribui um número a novos híbridos, é necessário seguir a classificação de maturidade da FAO (quadro 17).
Proporção recomendada de áreas de sementeira de híbridos para a Sibéria Ocidental: híbridos de maturação muito precoce - 25%, maturação precoce -
35, médio-precoce - 20, maturação média - 20 por cento.

Quadro 17

Classificação dos híbridos por grupos de maturidade

Grupo de maturação	Número de folhas	Período vegetativo, dias	Soma das temperaturas activas, ^0C	Grupo de maturação FAO
Maturação muito precoce	Até 11	85	2100	100-149
Maturidade precoce	12-14	90-10°	2200	150-199
Médio-precoce	15-16	105-115	2400	200-299
Meio da maturação	17-18	115-120	2600	300-399
Meio-tarde	19-2°	120-130	2800	400-499
Maturidade tardia	21-23	135-140	3000	500-599
Maturação muito tardia	Mais de 23	145-150	Mais de 3.000	Mais de 600

5.3. Caraterísticas biológicas do milho

O milho é uma planta herbácea anual. É uma cultura de dias curtos e amante do calor. A sua terra natal é a América Central e do Sul, uma zona de trópicos e subtrópicos. Esta é a razão da biologia da planta.
A temperatura mínima de germinação é de +8...+10^{0}C, mas nos híbridos de maturação precoce, mais resistentes ao frio - +6...+8oC. A temperatura das plântulas viáveis +10... +12oC, mas a germinação é muito lenta (18 dias), as plântulas são afectadas por doenças, podridão. ◦A uma

temperatura de +21... .+25 C as mudas aparecem em 7 dias.

°°Desde a sementeira até à maturação, o milho requer uma soma de temperaturas activas que variam entre 2° C para a maturação precoce e até 26° C - 3° C para os híbridos de maturação tardia. O milho Silicea é mais tolerante ao frio e de maturação precoce do que o milho denticulado.

°Uma geada prolongada de -3 C danifica as plântulas de milho, mas quando as folhas morrem, as plantas permanecem vivas, porque até à formação de 6-7 folhas, o ponto de crescimento a partir do qual a planta se desenvolve permanece no solo e não é danificado. Após alguns dias, o crescimento é retomado. Mas estas geadas de outono danificam gravemente as plantas e as sementes perdem a germinação.

°A temperatura óptima para o crescimento e desenvolvimento é de +25.+30 C.

O milho pertence aos mesófitos, mas pode ser considerado uma cultura relativamente resistente à seca, uma vez que possui um sistema radicular bem desenvolvido até 3 m e se caracteriza pela capacidade de utilizar a humidade de forma mais moderada. O coeficiente de transpiração é de 190 a 370, enquanto que nos pães do primeiro grupo é de 300 a 600. No entanto, o consumo total de água é bastante elevado, uma vez que o milho forma um grande rendimento de matéria seca. As culturas de primavera tardia, a que pertence o milho, ao contrário das culturas de primavera precoce, utilizam mais eficazmente a precipitação da segunda metade do verão, uma vez que a diferenciação do cone de crescimento ocorre mais tarde. Este facto, nas condições do Altai Krai, confere-lhes resistência à seca.

Devido à sua forma estriada e à disposição oblíqua-vertical das suas folhas, o milho aproveita bem mesmo as pequenas precipitações e o orvalho que escorre pelo caule até às raízes. No início da estação de crescimento, o milho tem um crescimento lento e consome pouca humidade e nutrientes. O consumo de água aumenta no início da emergência do tubo, e o período crítico para o consumo de água é de 10 dias antes da emergência e 20 dias após a floração, uma vez que os órgãos generativos, particularmente o pólen, são formados nesta altura. A seca durante este período provoca a esterilidade do pólen, a deterioração da fertilização e a laceração das inflorescências masculinas e femininas de 2-3 a 20 dias. As inflorescências masculinas florescem mais cedo.

O milho é uma planta que adora a luz de dias curtos, florescendo mais rapidamente num dia curto de 8-9 horas. Ao deslocar-se para norte, em condições de um dia longo de 12-14 horas, o período vegetativo prolonga-se, o milho não floresce durante muito tempo, mas continua a crescer. Devido a este facto, o rendimento da massa vegetativa aumenta. O milho tem grandes exigências em termos de fertilidade e propriedades físicas do solo. Cresce bem em solos soltos, férteis, bem permeáveis à água, mas absorventes de água (chernozem, castanheiro, floresta cinzenta escura, carga fluvial). Os solos inadequados são ácidos (com pH inferior a 5,0-5,5), salinos, pesados, com pouca aeração e arenosos.

No milho, observam-se as seguintes fases: início e emergência completa das plântulas, 2ª-4ª folha (nesta altura ocorre a diferenciação do caule rudimentar, altura e número de folhas), 4ª-8ª folha (formação da panícula), 7ª-12ª folha (formação da espiga), emergência da panícula, floração da panícula, floração da espiga, lactação, lactação, cerosidade e maturação completa.

5.4. Tecnologia de cultivo

Em Altai, o milho é cultivado principalmente para silagem, mas na zona de estepe, mais aquecida, pode ser cultivado para grão se forem utilizados híbridos de maturação precoce.

Nos anos 80, na Sibéria e em Altai, fez-se a transição do cultivo de híbridos de maturação principalmente tardia, que proporcionam um elevado rendimento de massa verde, mas um baixo rendimento de unidades forrageiras, para o cultivo de milho em tecnologia de "grão" para silagem com espigas. Neste caso, são utilizados predominantemente híbridos de maturação precoce e de maturação média, o que permite, com uma certa redução do rendimento total de biomassa, um aumento da quantidade de matéria seca devido a espigas de maturação diferente.

Posição na rotação de culturas. O milho é colocado como segunda cultura após o trigo em pousio, o centeio de inverno, após as leguminosas. Na rotação de culturas forrageiras - depois de misturas anuais de gramíneas e leguminosas. Não deve ser colocado depois do girassol e da beterraba, pois secam fortemente o solo e retiram muitos nutrientes, bem como depois do painço e do sorgo, pois têm doenças, pragas e ervas daninhas comuns ao milho. Na camada de gramíneas perenes, o milho é mais afetado pelo verme do arame. Ao aplicar fertilizantes orgânicos e minerais e herbicidas, o milho pode ser cultivado continuamente durante 6-8 anos num campo de criação perto da exploração, o que facilita a introdução de grandes doses de matéria orgânica e reduz o custo de transporte dos produtos. O milho para grão situa-se melhor em encostas suaves de exposição meridional, onde a soma das temperaturas activas é 80-100^{0}C mais elevada. Esta cultura é um bom precursor do trigo de primavera, uma vez que liberta os campos de ervas daninhas e quase não tem doenças e pragas comuns ao trigo de primavera precoce.

Lavoura. Nas estepes e nas estepes florestais, em solos sujeitos a erosão após o restolho, a lavoura de restolho BIG-3A é feita em 2-3 traços, depois - plantio direto a 22-25 cm. Nas zonas de sopé mais húmidas, em solos mais pesados, o milho responde bem à lavoura profunda de aiveca. Quando se cultiva em parcelas permanentes, após a colheita do milho no outono, o campo é desarborizado, são aplicados fertilizantes orgânicos e é feita a lavoura de aiveca. Na primavera - fecho da humidade, nivelamento. O primeiro cultivo é feito para provocar ervas daninhas, cultivo pré-sementeira - na profundidade de sementeira e no dia da sementeira com rolamento.

Fertilizantes. O milho responde bem aos fertilizantes.

A produção por 1 kg é:

	N	P	K
para cereais	2,5-3,4	1-1,3	2,5-3,7
quando cultivadas para silagem	0,3	0,15	0,4

De acordo com os dados do ANIISKhoz, introdução 20 toneladas/ha estrume aumenta o rendimento em 40%. O ganho de milho para silagem com a aplicação de fertilizantes minerais $N_{60-90}P_{60}K_{60}$ é de 7,2 t/ha. Com a aplicação de 20 t/ha de estrume e fertilizante mineral, o $N_{90}P_{60}K_{60}$ aumenta o rendimento da silagem de 20 para 35 t/ha, o teor de proteínas - em 1,2%, e a colheita de proteínas - em 2 vezes.

Semeadura. A tecnologia "grão" exige uma sementeira mais precoce para garantir a produção de espigas. As sementes são mais susceptíveis a doenças em solos menos quentes. Além disso, o milho é semeado num padrão pontilhado preciso e em pequenas quantidades, o que significa que deve cair o menor número possível de plantas e de rebentos. Por conseguinte, é dada grande atenção à qualidade das sementes. São utilizadas sementes híbridas F_1, embora com uma tecnologia menos intensiva seja possível utilizar sementes F2 ou variedades populacionais. A escolha do híbrido por zona também pode ser importante. Na zona de estepe, é preferível utilizar híbridos de maturação precoce, uma vez que, por terem um desenvolvimento mais rápido, formam plantas baixas, menos frondosas, que consomem menos humidade, mas que, devido à garantia de formação e maturação da espiga, proporcionam uma boa colheita de matéria seca por hectare. No sopé das montanhas, o período sem geadas é mais curto, o solo aquece mais lentamente e a sementeira é mais tardia, pelo que as plantas não têm muitas vezes tempo para formar uma espiga completa. Mas, ao mesmo tempo, a disponibilidade total de humidade é maior. Por conseguinte, utilizando híbridos de maturação média e média-tardia com um rendimento potencial mais elevado (neste caso - massa vegetativa), é possível assegurar um rendimento elevado de matéria seca à custa de um rendimento elevado de massa verde aquando da sementeira numa data posterior.

As sementes são entregues nas explorações agrícolas prontas para a sementeira, calibradas, preparadas ou tratadas por inoculação, que consiste no tratamento de sementes com polímero formador de película, com adição de agente de tratamento, nutrientes, microelementos e substâncias fisiologicamente activas. Estas sementes estão mais bem protegidas, têm um elevado vigor de crescimento e podem ser semeadas mais cedo.

Uma das razões para os baixos rendimentos do milho na Sibéria Ocidental são as datas de sementeira tardias, que encurtam o período de crescimento e reduzem o rendimento e a sua qualidade, uma vez que as espigas não têm tempo para se formar. Por um lado, o milho é uma cultura que adora o calor e dá bons rebentos quando semeado em solo aquecido a +10...+120C. De acordo com os dados médios anuais, observa-se este regime de temperatura no solo, que permite semear o milho na zona estepária de Altai no final da I - II década de maio, na floresta-estepe - na II - início da III década de maio, no sopé - III década de maio. E quando se utilizam híbridos de maturação precoce e mais resistentes ao frio, a sementeira com sementes incrustadas é possível 5 dias mais cedo. Foi também obtida uma experiência positiva com a sementeira de milho em camalhões pré-cortados, o que permite iniciar a sementeira mais cedo, uma vez que o solo nos camalhões seca e aquece mais rapidamente. Isto é relevante em zonas com falta de calor e humidade excessiva.

Para proteger a sementeira precoce das geadas, a profundidade de sementeira deve ser mantida. Com geadas de -6 ^{o}C as sementeiras com profundidade de sementeira de 6 cm perecem, enquanto com profundidade de sementeira de 8-10 cm crescem sem consequências visíveis, mesmo que sejam danificadas na parte acima do solo, pois o ponto de crescimento permanece no solo durante muito tempo. A profundidade de sementeira ideal na estepe é de 5-8 cm, na floresta-estepe - 4-5 cm. Semear primeiro os híbridos mais resistentes ao frio e de maturação precoce e depois os híbridos de maturação média.

O milho é semeado numa linha larga com um espaçamento entre linhas de 7°, 6° ou

45 cm. Um método mais progressivo é a sementeira de precisão, pontilhada, com semeadores de precisão (SUPN-8, SPCH-6, SKPP-12, STV-12, etc.), uma vez que as plantas são dispostas de forma mais uniforme na linha, recebendo a mesma área óptima de nutrição.

Em culturas densas, a formação de órgãos geradores abranda, e são colocados menos espigas e grãos. Por conseguinte, a tecnologia do "grão" prevê culturas esparsas. A densidade de plantas recomendada para a colheita é indicada no quadro 18.

Quadro 18 Densidade de plantas de milho recomendada em Altai Krai

Híbridos	Estepe	Estepe florestal
Quando cultivado para silagem		
A amadurecer em breve	45-50 mil/ha	65-70 mil/ha
Médio-precoce e de maturação média	40-45 mil/ha	60-70 mil/ha
Na cultura de cereais		
A amadurecer em breve	40-50 mil/ha	40-50 mil/ha
Médio-precoce	40-45 mil/ha	-

Para garantir essa densidade aquando da colheita, o cálculo da taxa de sementeira deve ter em conta a germinação no campo (80-60%), a trituração das plantas durante a gradagem e a cultura entre fileiras (5% para cada tratamento). Consequentemente, a taxa de sementeira de peso é de 20 a 25 kg/ha.

Cuidados com as culturas. A rolagem é efectuada após a sementeira para assegurar o contacto das sementes com o solo. O milho cresce lentamente no primeiro período, pelo que o controlo das ervas daninhas é importante. Este controlo é feito através de uma gradagem pré-emergente 3-5 dias após a sementeira, quando as ervas daninhas estão na fase de fio branco.

A gradagem pós-emergência é efectuada aquando do aparecimento maciço de ervas daninhas e da formação de 2-3 folhas no milho. Durante a estação de crescimento, a cultura entre fileiras é efectuada com KRN-4,2. A primeira - na fase de 3-4 folhas a uma profundidade de 6-8 cm, depois - quando as ervas daninhas aparecem a uma profundidade de 4-6 cm, geralmente após 2 semanas. Isto destrói até 80% das ervas daninhas anuais e melhora o arejamento do solo.

Com a utilização de herbicidas em solos de composição mecânica ligeira e média, reduz-se a necessidade de cultivo entre linhas. Os herbicidas modernos são aplicados principalmente durante a vegetação do milho na fase de 3 folhas de milho, por exemplo, Dialen super - 2-3 l/ha, suprimindo as infestantes dicotiledóneas.

Colheita. O milho para grão é colhido de duas maneiras:

1) a colheita em espigas começa com um teor de humidade do grão de 40%, utilizando uma ceifeira-debulhadora automotora de 6 linhas KSKU-6 e uma ceifeira-debulhadora rebocada de três linhas KKP-3;

2) A colheita dos cereais começa com um teor de humidade de 30%, sendo utilizadas ceifeiras-debulhadoras com acessório PPK-4.

Em ambos os casos, a massa foliar é colhida ao mesmo tempo que a parte do grão é colhida, cortada e utilizada para silagem.

Os complexos de limpeza e secagem KZS-200 são utilizados para a secagem de cereais. As espigas são secas em secadores especiais do tipo câmara ou em unidades de ventilação ativa. Trata-se de instalações com elevado consumo de energia.

Aquando da colheita do grão, ocorrem grandes perdas durante a debulha e a limpeza. A acumulação de matéria seca e de proteínas digeríveis no milho ocorre desde o início do enchimento até à maturação cerosa e, depois disso, até à maturação completa, a nutrição e a digestibilidade dos alimentos provenientes das plantas diminuem devido à acumulação de fibras. Por conseguinte, o principal método de colheita de milho para silagem consiste em ceifar as plantas com espigas de cera leitosa ou cera madura, com um teor de humidade total das plantas de 65-70%, o que é ótimo para a silagem. As plantas são ceifadas a uma altura de 10-12 cm utilizando ceifeiras-debulhadoras automotrizes KSK-100, E-280 e cortadas em partículas de 5-10 cm. Quanto mais elevado for o teor de humidade da massa, maiores devem ser as partículas. Para preservar o teor nutritivo das forragens, procede-se à sua conservação, ou seja, à ensilagem. A essência do método biológico de ensilagem é que a transformação da massa verde em silagem ocorre sob a ação de bactérias lácticas, em resultado da atividade vital das quais se acumula ácido lático. Este protege a forragem do apodrecimento e da decomposição, tendo um efeito destrutivo sobre as bactérias putrefactas. Os compostos de açúcar são necessários para o desenvolvimento das bactérias do ácido lático, que são suficientes no milho. É também necessário compactar a massa de silagem, deslocar o ar e criar condições anaeróbias, o que cria melhores condições para as bactérias do ácido lático. À medida que a massa de silagem é carregada para as trincheiras, é compactada com tractores pesados e coberta com polietileno após o enchimento.

6. PROSO

6.1 Importância e divulgação

O painço é uma das culturas cerealíferas mais importantes do nosso país. O painço é utilizado para produzir painço, que é um dos primeiros entre outros cereais em termos de sabor e de vantagens nutricionais. Tem um elevado teor de proteínas (12%) e de gordura (5,5%), perdendo apenas para os grumos de aveia, sendo de fácil e boa digestibilidade. Os resíduos da transformação do painço em grumos (farinha, verbasco, casca) são utilizados para alimentar o gado. O grão de painço, inteiro ou moído, é amplamente utilizado como forragem concentrada para aves de capoeira e suínos de engorda (1 kg contém 0,97 k.u.), bem como para o fabrico de malte.

O painço pode ser semeado para forragem verde e feno, bem como utilizado para ressementeira de culturas mortas de inverno e de primavera e como cultura de restolho (após a colheita de culturas de inverno e de outras plantas de maturação precoce). Na sementeira de verão, o painço é uma boa cultura de cobertura para gramíneas perenes.

Na agricultura mundial, a área semeada com painço é de cerca de 40 milhões de hectares. Os principais produtores são a Rússia, a China e a Mongólia. O painço é também semeado no Japão, na Índia, no Afeganistão e na Turquia. Na Europa, esta cultura está muito difundida na Hungria, na Polónia e na Bulgária. Existem pequenas áreas em África e nos estados do leste dos EUA.

A Rússia tem a maior área de sementeira de painço do mundo, variando entre 0,7 e 1,9 milhões de hectares. Cerca de 70% das culturas concentram-se na região do Volga, na Zona Centro-Central e na região de Rostov. Áreas significativas concentram-se no Cazaquistão, na Sibéria Ocidental, no Cáucaso do Norte e na Ucrânia. O rendimento médio do painço na Rússia é de 1,19-1,55 toneladas/ha, mas as explorações avançadas produzem 3,0-4,5 toneladas/ha. A área semeada em Altai Krai varia entre 64,8 e 96,3 mil hectares, com um rendimento médio de 0,7-0,8 toneladas/ha.

6.2 Classificação e caraterização botânica

O painço comum (Panicum miliaceum L.) pertence ao género Panicum. Esta espécie caracteriza-se pela estrutura da panícula, na qual os ramos laterais são alongados (Fig. 9). O milheto italiano (Setaria italica), que tem uma inflorescência sultana, isto é, uma panícula com ramos laterais encurtados, é também utilizado na cultura.

ramos laterais encurtados. O painço italiano inclui duas subespécies: S. italica - painço italiano propriamente dito, ou chumisa, e S. italica - painço italiano.
S. italica mogarium - mogar. O painço italiano, ou chumiza, distingue-se do mogar pela sua panícula em forma de espiga mais longa (1530 cm) e pela presença de lóbulos na panícula. É cultivado em pequenas áreas para produzir grãos de valor alimentar (cereais, farinha). O Mogar tem uma panícula implicitamente lobada. É cultivado principalmente para a produção de grão (alimentos para aves de capoeira), feno e forragem verde.

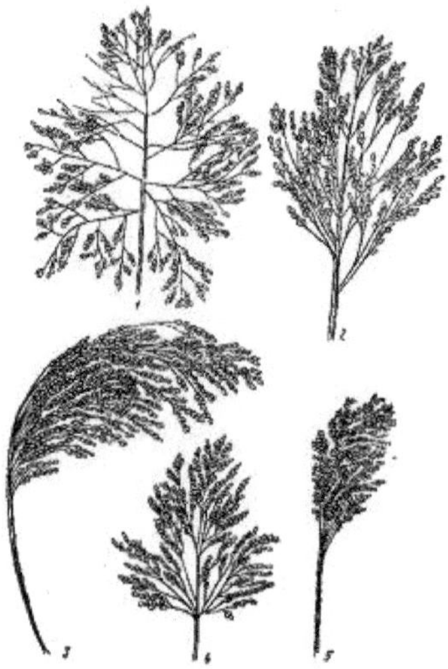

Figura 9. Panículas de subespécies de painço comum:

1 - espalhado;
2 - um dos grandes;
3 - comprimida (caída);
4 - oval (semi-cómico);
5 - irregular

O painço comum é o mais difundido nas culturas. Esta espécie divide-se em 5 subespécies, em função da forma da panícula, do seu comprimento e densidade, do grau de compressão e de expansão dos ramos laterais e da presença de almofadas (espessamentos na base dos ramos) (quadro 19).
Talo de palha de painço, ereto, simples ou ramificado, fracamente pubescente, dividido em 4-10 entrenós. A altura do caule é de 45 a 150 cm. O número de caules num arbusto que forma panículas normalmente desenvolvidas é geralmente de 3-4, podendo atingir 20 no caso de grandes áreas de alimentação. Esta capacidade do painço é utilizada na sementeira em linhas largas e em restolho.

Subespécies de painço comum

Quadro 19

Sinais de uma vassoura	Milheto de espalhamento *Subsp. patentissimum Popov*	Milho-miúdo *Subsp. Effusum Al*	Milheto comprimido *Subsp. Contraktum Al*	*Ovatum* millet (semicomplexo) *Subsp. Ovatum Popov*	Milho forrageiro *Subsp. Compactum Korn*
Comprimento	Longo	Longo	Longo	Curto	Curto
Densidade	Solto	Solto	Solto	Densa	Densa
Toldo	Simples	Simples	Dobrado	Simples	Simples
expansão	Em expansão	Semi-espalhamento	Comprimido	Semi-dispersa	Comprimido
Desvio de ramo	Todos os ramos estão fortemente desviados do eixo da vassoura	Ramos inferiores desviados, ramos superiores pressionados contra o eixo da panícula	Todos os ramos pressionado contra o eixo da vassoura	Ramos inferiores desviados, ramos superiores pressionados contra o eixo da panícula	Todos os ramos pressionado contra o eixo da vassoura
Almofadas na base ramos	Todas as sucursais têm	Presente apenas nos ramos inferiores	Ausente ou fraco pronunciado	Presente apenas nos ramos inferiores	Ausente

O sistema radicular é grosseiro. Brota por uma única raiz, e depois formam-se raízes secundárias a partir de nós de perfilhamento. O poder das raízes é determinado não tanto pela profundidade de ocorrência até (105 cm) como pela sua propagação em largura (penetra até 115 cm) e pelo número de rebentos de raiz (até 120 pcs.), a maior parte das raízes está localizada na camada 0-20 cm, e a uma profundidade de 40 cm 80% das raízes penetram. O painço desenvolve raízes aéreas de suporte a partir dos nós mais baixos do caule acima do solo.

Aumentam a resistência das plantas ao acamamento e à seca. O painço tem tempo para formar um sistema radicular antes da flutuaç[a]o e utiliza a humidade mais plenamente do que outros p[a]es. No entanto, em tempo seco, a formação de raízes nodais é retardada, e as plântulas semi-enraizadas vivem durante muito tempo à custa das raízes germinais.

As folhas consistem numa bainha e numa lâmina foliar de forma linear-lanceolada, pubescente ou nua, verde, verde claro ou escuro, em algumas variedades com coloração antociânica e nervo principal claramente expresso. Comprimento da lâmina foliar 18-65 cm, largura

1,5-4 cm.

A inflorescência é uma panícula de 15-20 cm de comprimento, fortemente ramificada (de 10 a 40 ramos ou mais), com uma espigueta situada nas extremidades da ramificação, na qual uma flor (superior) se desenvolve e dá fruto, a segunda flor (inferior) é geralmente pouco desenvolvida, tem o aspeto de uma película esbranquiçada e incolor. As flores são ovíparas, têm três estames e um ovário com dois estigmas pinados. O painço é um autopolinizador facultativo, com 20% de polinização cruzada.

O fruto é um grânulo peludo, geralmente designado por grão, de forma arredondada, oval ou alongada. O peso de 1000 grãos é de 4-9 g, com uma densidade plenária de cerca de 12-20%. Uma panícula normalmente desenvolvida tem 600-1200 grãos. O grão maior encontra-se no painço de grão vermelho com panículas caídas.

1.3. Particularidades biológicas

O painço é uma planta que adora calor. ◦A germinação das sementes começa a uma temperatura de +8...+10 C. ◦◦A uma temperatura de +20....+25 C as sementes germinam em 3 dias, a +8 C - em 1015 dias. ◦A temperatura biologicamente óptima em que ocorre a germinação mais vigorosa das sementes é de +20...+300C, e a temperatura máxima em que é suspensa é de cerca de +40 C. Em tempo seco, a formação de raízes nodais é retardada, e as plântulas vivem durante muito tempo (15-20 dias) à custa das raízes germinais. Em solo húmido, as raízes nodais crescem muito rapidamente e após 152° dias penetram a 4°-5° cm de profundidade.

°Os rebentos morrem com geadas de -3 C. °A soma das temperaturas activas durante a estação de crescimento é de 1800-21° C.

A tolerância ao calor do milheto pérola (especialmente após a eclosão) é muito maior do que a do trigo, da cevada e do arroz. Nas experiências, os estomas das folhas a temperaturas de +38...+400C continuaram a funcionar durante 48 horas.

O painço é menos exigente em termos de humidade do que outros pães. As suas sementes necessitam apenas de 25% do seu peso em humidade para germinar. O coeficiente de transpiração é de 200-250. O sistema radicular tem um grande poder de sucção e é capaz de extrair a humidade do solo em caso de um défice significativo.

Uma caraterística do painço é a sua elevada resistência à seca. Esta resistência explica-se pela capacidade da planta de suspender temporariamente o crescimento (durante a seca parece cair num estado de anabiose), enrolar as folhas e espalhar a parte aérea no solo, o que reduz a evaporação da humidade.

O período crítico (ou seja, a maior necessidade de humidade) é durante o período da emergência à formação do grão. Quanto melhor for o fornecimento de humidade e de nutrientes às plantas nesta altura, maior será o rendimento. O painço aproveita muito bem as precipitações que caem na segunda metade do verão, quando estas são quase inúteis para os pães do grupo I .

O painço é uma planta que adora luz e precisa de acumular uma grande quantidade de matéria orgânica num curto período de crescimento. As formas de espalhamento do painço são menos exigentes em termos de luz do que as formas de aglomeração e de queda. A maior intensidade de fotossíntese é observada durante o período que vai do início do enchimento do grão até à maturação completa, pelo que o tempo nublado na segunda metade da estação de crescimento deprime o painço e prolonga significativamente a estação de crescimento. O painço é uma planta típica de dias curtos. À medida que se aproxima do limite norte do seu cultivo, prolonga significativamente o período vegetativo.

O painço não é muito exigente em termos de solo, mas responde bem à fertilidade. O painço é bem sucedido numa grande variedade de solos - desde os franco-arenosos ligeiros até aos franco-argilosos pesados. Obtêm-se rendimentos elevados em solos de chernozem e castanheiro. Os solos pantanosos, ácidos, frios, argilosos e salinos não são adequados para o painço. O painço não tolera uma acidez elevada e dá-se melhor com um pH de 6,5-7,5.

O painço caracteriza-se por uma maior sensibilidade ao entupimento do solo, o que se deve às suas peculiaridades biológicas: germinação e crescimento lentos no primeiro período de vida, perfilhamento tardio e amor à luz. Por conseguinte, o principal requisito para o solo durante o cultivo é a limpeza das ervas daninhas. Os herbicidas especializados incluem várias espécies, como o painço de galinha, o painço de mil cabeças e os ratos.

Dependendo da variedade e das condições, o período vegetativo varia de 60 a 115 dias.

1.4. Tecnologia de cultivo

Inserção na rotação de culturas. O painço dá bons rendimentos quando semeado como segunda cultura após o pousio, numa camada de gramíneas perenes, leguminosas, culturas de inverno.

A batata e o melão são considerados bons antecessores, enquanto o girassol, a beterraba sacarina e as culturas de inverno são um pouco piores.

O painço não deve ser semeado sobre o milho ou antes do milho, pois ambas as culturas são afectadas pela traça do milho. A sementeira repetida de painço no mesmo local é indesejável devido à reprodução em massa de fungos parasitas (Fusarium, Helminthosporium).

Tratamento do solo. Deve ser dada especial atenção à maximização do controlo das ervas daninhas, à conservação da humidade no solo e à criação de uma superfície nivelada e de uma cama de sementes.
Antes da lavoura, efetuar o descasque do restolho ou o descasque da erva (LDG-15A, LDG-10A). Em solos pesados, após gramíneas perenes - BDT-3,0; BDT-7,0; BDT-10. Em seguida, efetuar uma lavoura de aiveca a uma profundidade de 22-25 cm.
Em zonas sujeitas a erosão eólica e em áreas com humidade insuficiente, o OPT-3-5 é utilizado para o cultivo de gramíneas perenes.
As charruas de afrouxamento profundo KPG-250A, KPSh-9, KPE-3,8 e as grades de agulhas BIG-3A são utilizadas depois de terem sido utilizadas para o restolho.
A cultura de primavera consiste numa gradagem no início da primavera e em duas culturas. O primeiro cultivo deve ser efectuado a uma profundidade de 8-10 cm quando as ervas daninhas aparecem, o segundo cultivo deve ser efectuado a uma profundidade de 4-5 cm antes de semear o painço juntamente com a rolagem.
Fertilização. Com 1 tonelada de grão de painço e 2 toneladas de palha são retirados, em média, 30 kg de azoto, 14 kg de fósforo, 32 kg de potássio e 10 kg de cálcio.
Adubos orgânicos. O painço aproveita bem os efeitos secundários do estrume, com aumentos de rendimento de 10,8 a 32,3%.
O fósforo e o potássio são aplicados no outono, o azoto - na dose total calculada - na cultura pré-sementeira. Nas linhas com sementes, durante a sementeira, é necessário aplicar fertilizante de fósforo granulado numa dose de 15-20 kg/ha. A aplicação de parte dos fertilizantes azotados sob a forma de cobertura é mais adequada em culturas de fileiras largas, na dose de 15-20 kg/ha na primeira cultura entre fileiras. A utilização de azoto em adubações foliares tardias na fase de enchimento do grão só faz sentido para aumentar o teor de proteínas do grão (5-10 kg d.w./ha na fase de enchimento do grão).
Durante o período inicial de desenvolvimento, o painço é particularmente sensível a deficiências de fósforo. Antes do perfilhamento, o painço consome a maior parte do azoto (7-8% das necessidades totais) e, por ordem decrescente, potássio, cálcio e fósforo.
As plantas utilizam os nutrientes de forma mais intensa durante o período "perfilhamento - floração" (70% do azoto, 60% do fósforo e todo o potássio). A maior quantidade de fósforo é assimilada durante o último período de vegetação, quando o grão é formado e a proteína é acumulada nele.
Preparação das sementes para a sementeira. Para a sementeira, devem ser utilizadas sementes saudáveis, bem selecionadas, equalizadas e

limpas de impurezas de variedades zonadas. 20-30 dias antes da sementeira, as sementes são submetidas a um aquecimento por ar quente. As sementes são tratadas com agentes sistémicos de tratamento de sementes.

Sementeira. O painço, semeado em solo não aquecido, é fortemente obstruído por ervas daninhas que tiveram tempo de crescer mais cedo, pelo que deve ser semeado quando o solo a uma profundidade de 10 cm estiver aquecido a 12-14^{0}C.

De acordo com dados a longo prazo, as melhores datas de sementeira para o Krai de Altai são: nas zonas de Kulunda e Rubtsovsko-Aleisky - I década de junho; nas estepes florestais de Priobskaya, Salair e sopé de Altai - III década de maio - 1.º e 5 dias de junho.

A taxa de sementeira para as zonas da região é diferenciada da seguinte forma: para culturas contínuas na estepe de Kulunda - 2,5-3 milhões de grãos em germinação por 1 ha; na estepe de Aleyskaya - 3,5 milhões de grãos em germinação por 1 ha; nas regiões central e oriental da região - 4 milhões/ha; para culturas em linha larga, respetivamente, 1,8-2,5; 2,0-2,5; 3,0-3,5 milhões de sementes em germinação por 1 ha.

O método de sementeira é a sementeira em linha e em linha estreita. No caso de colheita separada destas culturas, as perdas são as mais baixas. Em solos com obstáculos e quando há falta de humidade, a sementeira em linhas largas pode ser vantajosa: sementeira em linhas duplas (60x15x15 cm; 45x15x15 cm) e sementeira em linhas simples com espaçamento entre linhas de 45 e 30 cm. A sementeira em linhas largas permite o controlo mecanizado das ervas daninhas no espaçamento entre linhas.

A profundidade de sementeira varia de 3 a 8 cm, dependendo da data de sementeira, da humidade do solo e da natureza do solo. Quando se semeia em solos leves e em primaveras secas, a profundidade é aumentada para 8-10 cm.

Cuidados com a cultura. A primeira técnica é o rolamento. Por vezes, utiliza-se um ligeiro empoleiramento das culturas de milho-miúdo após as chuvas ou a irrigação.

Controlo das ervas daninhas. Na fase de perfilhamento as culturas são tratadas com herbicidas. Nas culturas de linhas largas, após o aparecimento dos rebentos, soltar as entrelinhas e fertilizar: 1º tratamento - a uma profundidade de 4-5 cm após a marcação das linhas; 2º - na fase de perfilhamento a 6-8 cm; 3º - após 10-15 dias.

Colheita. O painço amadurece de forma muito irregular e, no momento da colheita, os caules ainda estão suculentos e verdes (60-70% de humidade). A maturação da painço começa no topo da panícula. Este período dura 10 dias ou mais por panícula. O grão maduro cai

facilmente. A colheita separada é a mais adequada para a biologia do painço.
Em condições de produção, a ceifa do painço em faixas deve ser iniciada quando 75-80% dos grãos estiverem maduros e terminada o mais tardar quando 90-95% dos grãos estiverem maduros. O painço é ceifado com ceifeiras montadas. Os tapetes de borracha são fixados às lâminas do enrolador para suavizar o impacto nas vassouras. A altura de corte deve ser de, pelo menos, 12-15 cm.
O painço é debulhado com uma ceifeira-debulhadora 3-4 dias após a ceifa, quando as faixas estão suficientemente secas. Para evitar perdas e o colapso do grão, a ceifeira-debulhadora é equipada com uma regulação cuidadosa e a velocidade do tambor de debulha é reduzida para 500-600 por minuto.
Por vezes, especialmente nas culturas de sementes, é utilizada uma segunda debulha. Neste método, a cultura ceifada é primeiro debulhada em modo suave, o que faz com que apenas as sementes mais maduras e maiores sejam libertadas. As sementes verdes e pequenas permanecem nas vassouras dos caules, que, ao saírem do sacudidor de palha, são colocadas em faixas para secagem. Na segunda passagem da ceifeira-debulhadora, as faixas são recolhidas e as sementes secas são completamente debulhadas.

7. *SORGO*

7.1. Importância, distribuição e rendimento

O sorgo é uma cultura forrageira, técnica e alimentar. O grão de sorgo em grão contém 12-15% de proteína bruta, gordura - 3,5-4,5, substâncias extractivas sem azoto - 71-82, fibra - 2,4-4,8, cinzas - 1,2-3,2%. A sua digestibilidade atinge 53-85%. 100 kg de grão contém 118-130 k.u. de nutrientes.

O sorgo é uma das mais importantes plantas de panificação em muitos países africanos, na Índia, na China e na Ásia Central. O grão é utilizado para produzir farinha, cereais, amido e forragens e para a produção de álcool.

Os talos de sorgo sacarino, que contêm 15-17% de sacarose, são utilizados para produzir xarope. Nas zonas áridas, é uma cultura açucareira alternativa à beterraba sacarina, que apresenta uma série de vantagens: maior resistência a doenças e pragas, menor consumo de pesticidas, produção mais limpa do ponto de vista ambiental, tecnologia mais simples e custos mais baixos. O sorgo vassoura é utilizado para fabricar vassouras e é também utilizado como cultura arbustiva e para criar faixas para proteger as culturas dos ventos secos.

As folhas e os caules do sorgo são utilizados para fazer silagem. As plantas de sorgo sacarino com caules suculentos e folhas que permanecem verdes durante muito tempo são especialmente boas para este fim. A erva do Sudão, um tipo de sorgo, e os híbridos de sorgo-sudão são cultivados para forragem verde, feno e palha. Em 100 kg de massa verde - 23,5 k.e., feno - 49,2, silagem - 22,0 k.e.. Após a ceifa, o sorgo volta a crescer e é utilizado para forragem verde ou como pastagem.

O centro de origem do sorgo é África. A planta foi cultivada há 3000 anos a.C. na Índia e na China. Atualmente, a área global de cultivo de sorgo é de cerca de 44 milhões de hectares, com um rendimento médio de 1,39 toneladas/ha. As culturas de sorgo estão amplamente difundidas na Índia, China, África, nas zonas áridas dos EUA, Europa e Austrália. No nosso país, o sorgo é cultivado principalmente em zonas áridas de estepe bem abastecidas de calor (na região do Baixo Volga, no Norte do Cáucaso). No Krai de Altai, o sorgo pode ser cultivado para silagem, mas esta cultura não está muito difundida, uma vez que o seu cultivo está ligado ao fornecimento de sementes de fora do Krai. A organização de uma produção própria de sementes na região é impossível devido à falta de calor para esta cultura, que tem um longo período de crescimento e uma elevada necessidade de calor. A erva-do-sudão está mais difundida na Sibéria e em Altai, sendo uma das espécies de sorgo cujas sementes amadurecem de forma estável nas condições de Altai

Krai. A erva do Sudão é cultivada para produzir massa verde, mas também como forragem para o gado.
O rendimento médio de grão do sorgo no mundo é de 1,5 toneladas/ha, e até 2,5-5 toneladas/ha em parcelas varietais. O rendimento da silagem é de 20-40 t/ha, podendo atingir 100 t/ha com irrigação. Em condições de seca, o rendimento dos híbridos de sorgo é superior ao do milho.

7.2. Caracteres botânicos e classificação

O sorgo pertence ao género Sorghum, que reúne muitas espécies anuais e perenes, das quais as mais comuns na cultura são o sorgo comum (S. vulgare Pers.), o gaoliang (S. chinense Jakushev), a jugara (S. cernuum Host) e a erva do Sudão (S. sudan grass). Chinense Jakushev, djugara - S. cernuum Host e capim-do-sudão - S. sudanense Pers. Sudanense Pers. Entre as espécies selvagens de sorgo, é conhecida a erva daninha humai.
O sorgo divide-se em três subespécies, de acordo com o carácter das panículas: a ssp. effusum Korn. expandida (panícula), a ssp. contractum Korn. comprimida e a ssp. compactum aglomerada (Fig. 10).

Figura 10: Panículas de sorgo:
1 - aglomerado de caule reto; 2 - aglomerado de caule curvo (jugar); 3 - corola (saliente) com eixo principal encurtado e ramos laterais compridos; 4 - saliente. eixo principal

O sistema radicular do sorgo é arqueado, com até 2,5 m de comprimento e estende-se 60-90 cm lateralmente. As raízes têm um elevado poder de sucção. As raízes nodais e de suporte são formadas a partir de nós de caule subterrâneos e acima do solo. O sorgo é capaz de formar raízes nodais numa camada de solo dessecado. O caule tem 0,5 a 2,5 m de altura e até 7 m nas regiões tropicais, parênquima, ramificação, arbusto produtivo é 1-8. As folhas são largas - 10-25 por planta, cobertas com uma placa de cera, durante a seca as folhas enrolam-se num tubo, o que reduz o consumo de humidade para a transpiração. A inflorescência é uma panícula de 1560 cm, com duas espiguetas nas extremidades dos ramos laterais. Uma é assexuada e a outra masculina, que cai após a floração. A polinização do sorgo é predominantemente cruzada (até 70 por cento). O grão é peludo ou nu, arredondado ou em forma de ovo, branco, castanho, castanho. O peso de 1000 grãos é de 25-45 g. Sementes com um período de dormência muito curto. Os grãos com coloração castanha e vermelha contêm muito tanino (aglutinante de tanino), que pode reduzir a qualidade da forragem, mas na produção de álcool e maltose suprime os processos de putrefação.

As variedades de sorgo podem ser objeto de polinização cruzada, o que dificulta a sua classificação. Na prática, as variedades de sorgo distinguem-se pela sua utilização económica. E.S. Yakushevsky distingue os seguintes grupos de variedades: 1) sorgo para grão - de crescimento relativamente baixo, fracamente arbustivo, o núcleo do caule é seco ou semi-seco, a nervura central da folha de uma planta adulta é branca, o grão é facilmente colapsado, nu, nas variedades alimentares sem tanino. É cultivado para a produção de grão, grumos, mono forragem, pellets; 2) o sorgo sacarino é cultivado pelos seus caules suculentos, para xarope doce, silagem. As plantas crescem em altura, com um maior número de arbustos, o núcleo do caule é abundantemente suculento e doce. A nervura central da folha é verde, o grão é peludo, semi-feloso, difícil de colapsar; 3) sorgo vassoura com um núcleo de caule seco, panícula longa de 40-90 cm, cujo eixo principal é muito encurtado ou ausente, o grão é peludo, a nervura central da folha é branca; 4) sorgo gramíneo, ou capim do Sudão, os híbridos de sorgosudankov caracterizam-se por um grande arbusto e caules finos, o grão é peludo, a nervura central da folha é verde. É cultivado para feno, forragem e farinha de erva.

7.3. Particularidades biológicas

O sorgo é uma cultura promissora para as zonas áridas estepárias e semidesérticas, pois é a planta mais resistente à seca entre as culturas arvenses, tolerando bem a seca do solo e do ar, continuando a assimilar quando as plantas de milho perdem o turgor e murcham. As plantas utilizam a humidade com muita parcimónia, com um coeficiente de transpiração de 150-200. As sementes precisam de um pouco de humidade - 35% do peso da semente - para inchar. No período inicial de 30 dias, o sorgo, como cultura de dias curtos, desenvolve-se lentamente e é muito sensível às ervas daninhas. Durante o período de seca, as plantas podem entrar em anabiose, "congelar", e quando a precipitação continua a crescer, aproveitando bem a precipitação na segunda metade do verão. O sorgo é uma cultura que gosta de calor. A temperatura mínima de germinação das sementes é de +12...+130C, as plântulas morrem com geadas de -2^{0}C. As plantas de sorgo desenvolvem-se bem a temperaturas de +30 ... .+350C, a soma das temperaturas activas durante a vegetação é de 2250-2500$^{(0)}$C. É uma planta que gosta de luz.

O sorgo é uma cultura pouco exigente em termos de solo, pode desenvolver-se tanto em solos pesados como em solos ligeiros, tolera bem a salinidade, mas prefere solos soltos e bem aquecidos. Responde bem à aplicação de fertilizantes orgânicos e minerais (azoto e fósforo).

7.4. Tecnologia de cultivo

Na rotação de culturas, o sorgo é colocado após as culturas de inverno, as leguminosas e o milho de ensilagem. Tolera bem as sementeiras repetidas e, se necessário, se não for afetado por bacteriose, pode ser cultivado numa parcela permanente durante vários anos.

A lavoura de outono para o sorgo consiste em lavrar 7-8 cm de restolho imediatamente após a colheita do antecessor e 25-27 cm de lavoura de inverno, uma vez que o sorgo responde bem à lavoura profunda, que reduz as ervas daninhas e aumenta os rendimentos até 20%. Nos solos salinos e nos campos sujeitos à erosão eólica, a principal mobilização do solo consiste no afrouxamento profundo sem mobilização.

Antes da sementeira, o cultivo é efectuado até à profundidade de sementeira.

O sorgo responde melhor ao fertilizante mineral completo N60P60K60 aplicado sob o grão. Na sementeira em linhas, o adubo deve ser aplicado na dose de N10P10.

As sementes são selecionadas, aquecidas e preparadas antes da sementeira. A sementeira é iniciada quando o solo aquece até 150°C à profundidade de sementeira. Na Sibéria Ocidental, é na terceira década de maio. Método de sementeira - linha larga pontilhada com espaçamento entre linhas de 60-70 cm, distância entre plantas na linha de 15-20 cm. Densidade de plantação de cereais nas regiões meridionais: 60-160 mil pcs/ha - na zona temperada, 40-50 mil pcs/ha - na zona árida, consumo de sementes - 10-15 kg/ha. Estudos de cientistas siberianos estabeleceram que o sorgo para silagem na Sibéria Ocidental é mais adequado para semear com um espaçamento entre linhas de 45 cm e uma densidade de plantas de 350-450 mil plantas/ha. Para a sementeira, são utilizadas semeadoras de precisão. Na produção de forragem verde, feno e forragem de feno, o sorgo é semeado em linhas, com uma densidade de 800 mil unidades/ha, com semeadores de grãos convencionais e uma taxa de sementeira de 25-30 kg/ha. A sementeira sólida de sorgo deve ser feita em campos livres de ervas daninhas, uma vez que o controlo destas é difícil. A profundidade da sementeira é de 4-6 cm, após o que é revolvida.

Se as culturas forem suficientemente densas e bem enraizadas, na luta contra as ervas daninhas, bem como para destruir a crosta do solo, efetuar a gradagem pré-emergente (4-5 dias após a sementeira) e pós-emergente (na fase das 3 folhas) ao longo das linhas. É preferível utilizar a enxada rotativa MV-2,1. Em culturas de linhas largas, são

efectuados 2-3 cultivos entre linhas. Para o controlo das ervas daninhas, aplicar herbicidas na fase das 3 folhas do sorgo.
Para aumentar o teor de proteínas e o valor forrageiro da forragem verde, o sorgo pode ser semeado juntamente com leguminosas: soja, feijão e, em condições de seca, grão-de-bico e quinoa. É utilizada a sementeira de 50-80 kg/ha de leguminosas em culturas em linha ou cruzadas.
Para aumentar o teor de açúcar nos caules quando o sorgo é cultivado como cultura açucareira, é eficaz o tratamento com estimulador de acumulação de açúcar (ácido paraaminobenzóico 0,4 kg/ha juntamente com retardador - camposan 1 kg/ha) na fase de início da emergência dos tubos, bem como o corte das panículas na fase de floração.
O sorgo em grão é resistente à quebra, pelo que a colheita monofásica de sorgo em grão é iniciada na fase de plena maturação por ceifeiras-debulhadoras com uma redução do número de rotações para 500-600 por minuto. A colheita separada de sorgo com humidade do grão superior a 20% é possível com uma ceifeira-debulhadora de sorgo SM-2.6 ou uma ceifeira-debulhadora.
O sorgo é colhido para forragem verde e feno na fase de rebentação, para silagem - na fase de maturação cerosa do grão, o sorgo sacarino para xarope - no final da maturação cerosa num corte baixo, a vassoura - no início da maturação completa, quando os ramos das panículas ainda devem estar verdes. A colheita dos caules de sorgo vassoura é efectuada manualmente, enquanto os restantes caules são colhidos para silagem de forma mecanizada.
Nas plantas jovens de sorgo e nos rebentos, o ácido cianídrico pode acumular-se, mas o seu teor diminui com a idade, e o ácido cianídrico decompõe-se na massa que foi murcha durante 3-4 horas. Nos últimos anos, foram desenvolvidas variedades e híbridos de sorgo com um teor de ácido cianídrico dentro do intervalo admissível de 20-100 mg/kg de matéria seca.

8. ÓPTIMO.

8.1. Importância, utilização, distribuição, rendimentos

O trigo mourisco é uma cultura de cereais de grande valor alimentar. O grão contém até 82% de amido, proteínas - 10-12, gordura - 2-4, açúcares - até 0,3, fibra - 2, cinzas - 2%. As proteínas do trigo mourisco são de melhor qualidade do que as dos cereais, pois contêm muitos aminoácidos essenciais (lisina - 7%, arginina - 12%). Por conseguinte, os grumos de trigo mourisco são nutritivos e calóricos. Além disso, contém sais minerais (Fe, P, Ca, Cu) - 21 mg/100 g, ácidos orgânicos (cítrico, oxálico, málico), vitaminas P, B1, B2, pelo que os grumos de trigo mourisco - um produto dietético, especialmente útil na anemia, aterosclerose. As gorduras do trigo mourisco são resistentes à oxidação, pois contêm uma grande quantidade de vitamina E, que é um antioxidante. O teor de iodo é baixo e o óleo não é secante,

Assim, os grumos podem ser armazenados durante muito tempo sem qualquer redução da qualidade. Este facto é de grande importância para a constituição de reservas alimentares.

Os resíduos da produção de cereais, a palha e o joio são utilizados para a engorda do gado misturados com outras forragens.

O trigo mourisco é uma cultura melífera valiosa, cuja importância está a aumentar devido à grande lavoura e à redução da flora silvestre produtora de mel. Um hectare produz até 60-80 kg de mel. As folhas são utilizadas na indústria farmacêutica para obter rutina (P). O elevado teor de cistina e cisteína determina as elevadas propriedades protectoras das radiações do trigo mourisco.

Importância agronómica. A sementeira tardia e a maturidade precoce permitem que o trigo mourisco seja considerado uma importante cultura de segurança. No sul, é utilizado como cultura de pós-corte e de restolho. Devido à sua rápida taxa de crescimento e à grande superfície foliar, suprime bem as ervas daninhas. Depois do trigo mourisco, o solo permanece solto devido à ramificação fina das raízes. As propriedades agrofísicas e bioquímicas do solo são melhoradas após o trigo mourisco. O seu sistema radicular liberta no solo ácidos acético, oxálico, cítrico e outros, que aumentam a solubilidade do fosfato, pelo que os resíduos das culturas contêm mais fosfato.

e potássio do que os restolhos de culturas cerealíferas. Por vezes, os restolhos de trigo mourisco são utilizados como adubo verde, especialmente em solos arenosos ligeiros.

As culturas de trigo mourisco no mundo cobrem cerca de 4 milhões de hectares, dos quais 1,7 milhões de hectares na Rússia. As principais áreas semeadas concentram-se na Europa. O trigo mourisco é inferior às culturas de cereais em termos de dimensão e estabilidade dos rendimentos. O rendimento médio do trigo mourisco no país é de 0,5-0,7 toneladas/ha. No entanto, com boas técnicas agrícolas, pode produzir 2,5-3 toneladas/ha. Os baixos rendimentos são explicados por uma maior necessidade de humidade, baixa frutificação, formação simultânea da superfície foliar e dos órgãos generativos e baixa agrotecnia.

8.2. Caraterísticas morfológicas e classificação

O trigo mourisco pertence à família do trigo mourisco (Poligonaceae). A espécie cultivada de trigo mourisco Fagopyrum esculentum Moench é utilizada na produção. O trigo mourisco tártaro - Fagopyrum tataricum L. encontra-se em estado selvagem e é uma erva daninha perniciosa (quadro 20).

Tabela 20

Caraterísticas distintivas do trigo mourisco comum e do trigo mourisco tártaro

Sinais	Trigo mourisco	Trigo mourisco tártaro
Caules	Mais frequentemente com nervuras, de cor verde-avermelhada	Mais frequentemente liso, verde.
Folhas	Em forma de coração-triangular, em forma de lança, frequentemente com uma mancha antocianina pouco visível na base	Mais arredondado, mais frequentemente com uma mancha bem marcada na base
Inflorescência	A escova para a tiroide	Escova solta
Flores	Relativamente grandes, inodoros, brancos, cor-de-rosa ou vermelhos, dimórficos	Pequena, inodora, verde-amarelada, com estames e pistilo de igual comprimento
Frutos	Relativamente grande, triangular, liso	Pequena, triangularidade pouco expressa, faces enrugadas, com sulco longitudinal no meio

O trigo mourisco é uma planta herbácea anual com um caule ramificado de 50-150 cm de altura. O sistema radicular é uma raiz axial até 1 m de profundidade, mas fraca, estando a maior parte das raízes no horizonte arável. As raízes envelhecem rapidamente. Esta é a razão do baixo rendimento e do carácter hidrófilo do trigo mourisco. No final da floração, 75% das raízes são castanhas. Mas as raízes do trigo mourisco são boas a absorver o fósforo, que não está disponível para outras plantas.

As folhas são em forma de coração-triangular, em forma de lança, mudando para folhas sésseis em forma de seta na parte superior do caule. A superfície foliar é considerável, mas a área foliar por flor é 1,5-2 vezes inferior à do trigo. Embora possa haver até 1500 flores numa planta, apenas 15-20% das flores produzem uma colheita. A inflorescência é um pincel axilar em forma de escudo com flores brancas e cor-de-rosa perfumadas. As flores são do tipo de cinco pétalas com cinco pétalas de corola. Os estames são oito. Pistilo com três colunas. As flores do trigo mourisco caracterizam-se pelo dimorfismo ou heterostilia. Algumas plantas têm estames longos e pistilos curtos, enquanto outras têm o oposto. Estas plantas estão geralmente distribuídas de forma equitativa numa população. A polinização legítima, que resulta na frutificação, ocorre se o pólen de estames longos cair em pistilos longos, ou de estames curtos em pistilos curtos. Caso contrário, na polinização ilegítima, não se produzem frutos porque o pólen não germina no estigma do pistilo. O pólen é transportado de planta para planta por insectos. O trigo mourisco é uma planta entomófila de polinização cruzada. A falta de insectos polinizadores é outra razão para os baixos rendimentos. O fruto é uma noz de três faces com um pericarpo que cresce até à semente. O peso de 1000 sementes é de 18-32 g, com 15-30% de película.

8.3. Caraterísticas biológicas do trigo mourisco

O trigo mourisco, enquanto planta cultivada, é originário das regiões húmidas e de grande altitude do Sul da Ásia. Este facto explica em grande parte as suas peculiaridades biológicas. A temperatura mínima de germinação das sementes é de +7...+80C. Os rebentos amigáveis após 7 dias aparecem a +15^{0}C. Dependendo da variedade e das condições, o trigo mourisco requer a soma das temperaturas activas de 1300 a 1700$^{(0}$)C. Na primavera, as geadas de -1,5^{0}C danificam as plântulas, e a -2^{0}C as plântulas morrem. A +12^{0}C o trigo mourisco cresce mal, e a temperaturas superiores a +250C o seu crescimento é deprimido, especialmente na fase de floração. Cresce melhor a temperaturas próximas de +20^{0}C. O regime ideal para a floração é de +20...250C com nebulosidade variável e humidade relativa de pelo menos 60%. Nestas condições, as flores segregam bem o néctar. A temperaturas elevadas, o néctar torna-se mais espesso, seca e as abelhas recolhem-no com relutância, a polinização é deficiente, a frutificação é fraca.

Entre as culturas de cereais, o trigo mourisco é a mais exigente em termos de humidade. O consumo de água é 2-3 vezes superior ao do painço e 2 vezes superior ao do trigo. O coeficiente de transpiração é de 500-6°°. As sementes absorvem 40-50% do peso do grão em água durante a germinação. O consumo de água desde a germinação até à floração é de 11%, desde a floração até à maturidade é de 89%, porque, juntamente com a frutificação, as plantas continuam a desenvolver folhas e caule. Consequentemente, o trigo mourisco é mais exigente em termos de humidade na segunda metade da estação de crescimento, durante a floração e o enchimento, pelo que, em anos com uma segunda metade do verão seca, o seu rendimento é significativamente reduzido. Nas condições áridas da Sibéria Ocidental, onde se observa frequentemente uma seca precoce, o trigo mourisco assimila melhor a precipitação na segunda metade do verão do que as culturas do início da primavera.

O trigo mourisco é uma planta de dia curto. O crescimento e o desenvolvimento são melhores quando a duração do dia é de 17-19 horas. Se a duração do dia for reduzida para 9-12 horas, o período de crescimento é encurtado em 10-13 dias. As plantas crescem menos em altura e frutificam mais rapidamente. A nebulosidade variável é a mais favorável.

O trigo mourisco é insensível à reação do ambiente do solo e é uma cultura bastante tolerante à acidez. O pH ótimo é de 5 a 7,5. Esta planta é pouco exigente em termos de fertilidade do solo, uma vez que aumenta a solubilidade do fosfato devido às secreções radiculares. Desenvolve-se bem em chernozems, solos florestais cinzentos, turfeiras cultivadas e solos arenosos. Cresce um pouco pior em solos podzólicos. Tolera mal as zonas baixas com excesso de água.

Na Sibéria Ocidental, as zonas mais favoráveis para o cultivo do trigo mourisco são as florestas-estepes húmidas e as zonas de sopé.

Durante o período vegetativo (60-90 dias), o trigo mourisco passa pelas seguintes fases fenológicas: germinação (2-4 dias), as plântulas trazem as vagens à superfície (7-10 dias após a sementeira), ramificação (8-10 dias após as plântulas), abrolhamento (10-17 dias após as plântulas, quase simultaneamente com a ramificação), floração (18-28 dias após as plântulas). A floração é muito prolongada e pode durar 20-40 dias. As flores estão abertas durante 7-10 horas, e fecham-se após a polinização. De seguida, dá-se a formação do fruto, que também se prolonga por 30 dias ou mais. A fase de maturação ocorre no 25°-35° dia após a floração. A maturidade é assinalada quando 75 por cento dos frutos da planta ficam brancos. Assim, o trigo mourisco tem um tipo especial de crescimento, quando todas as fases se sobrepõem, não se podem distinguir umas das outras, pelo que o início da fase e o início da massa são geralmente marcados.

8.4. Tecnologia de cultivo

Localização na rotação de culturas e escolha da parcela. As geadas são mais frequentes nas terras baixas e nas encostas setentrionais, pelo que é preferível escolher parcelas em encostas elevadas do sul para o trigo mourisco. A proximidade das culturas de florestas, faixas florestais e cascas, que protegem as culturas dos ventos secos e melhoram o microclima, tem um efeito positivo no rendimento. Acumula-se mais neve e humidade no solo, a humidade do ar é mais elevada no verão e há mais insectos polinizadores. Perto da cintura florestal, o rendimento do trigo mourisco é geralmente 2-3 c.c. mais elevado do que no centro do campo.

Os melhores antecessores do trigo mourisco são as culturas em linha, as leguminosas, os cereais de primavera e, em condições de seca, o pousio.

Lavoura. Nas zonas mais húmidas, o trigo mourisco responde bem à lavoura de aiveca a uma profundidade de 20-22 cm. O plantio direto é utilizado em áreas propensas à erosão. A retenção da neve e o fecho da humidade na primavera são obrigatórios. Antes da sementeira, o cultivo é efectuado até à profundidade da sementeira. O trigo mourisco é uma cultura de sementeira tardia, pelo que, se possível, são efectuados dois cultivos para uma limpeza mais completa do campo de ervas daninhas.

Fertilização. Em comparação com as culturas de cereais, o trigo mourisco utiliza mais substâncias minerais do solo. A entrada de fósforo e potássio é 2 vezes mais elevada, a entrada de cálcio é 6 vezes mais elevada do que a do trigo. Para a formação de 1 kg de grão e a quantidade correspondente de palha removida, são necessários 4,4 kg de azoto, 2,5 kg de fósforo e 7,5 kg de potássio. Por conseguinte, o trigo mourisco responde bem aos fertilizantes. Assimila bem o fósforo proveniente da farinha de fosfato, aplicada no outono, bem como o superfosfato, aplicado nas linhas aquando da sementeira. O sulfato de potássio é o melhor adubo potássico, uma vez que o KC1 provoca manchas. Nos chernozems, o trigo mourisco responde melhor ao fósforo adicional, e nos solos de floresta cinzenta e podzol - à fertilização mineral completa. O fósforo e o potássio aumentam a secreção de néctar nas flores, pelo que as abelhas estão mais dispostas a visitar as plantas e aumentam a lactação.

Sementeira. O período de formação das sementes é muito longo, pelo que as sementes não são uniformes em tamanho e peso. Antes da sementeira, é necessário selecionar as fracções mais pesadas na mesa de triagem PSS-2.5, aquecer ao sol ou em unidades de ventilação activas, tratar as sementes.

O trigo mourisco pode ser semeado quando a temperatura do solo a uma profundidade de 10 cm for de +12...+140C e não houver ameaça de geadas primaveris durante o período de germinação. Em Altai, o trigo mourisco é semeado depois de 25 de maio. As sementeiras efectuadas depois de 5 de junho são prejudicadas pelas geadas do outono. A colheita do trigo mourisco depende em 50% das condições meteorológicas e é fortemente reduzida se a floração for apanhada pelo calor e pela seca. Se o trigo mourisco for semeado em três datas com 7 dias de intervalo, na expetativa de que uma das datas esteja em condições mais óptimas, o rendimento será globalmente mais estável.

O trigo mourisco é semeado em linha, em linha estreita, em linha larga (com espaçamento entre linhas de 30, 45 cm), em fita (15 + 45 cm). Consoante as condições, cada método tem as suas próprias vantagens. Nos solos mais férteis e fertilizados, nos solos obstruídos, com tendência para a compactação e nos solos encharcados, quando semeados nas datas óptimas e precoces das variedades de maturação média e tardia, a sementeira em linhas largas permite obter rendimentos mais elevados. Quando se semeia em linhas largas, espera-se que as plantas se ramifiquem adicionalmente. A ramificação adicional aumenta de facto os rendimentos se houver nutrientes suficientes. As variedades com um período de crescimento mais longo são biologicamente melhores em termos de ramificação. O cultivo adicional entre fileiras com sementeira em fileiras largas é mais eficaz em áreas infestantes, bem como em solos pesados, uma vez que melhora o arejamento do solo. Nas condições do Altai Krai, as variedades com um período de crescimento mais curto são mais frequentemente utilizadas. O cultivo entre fileiras exige custos adicionais, pelo que o trigo mourisco é mais frequentemente semeado linha a linha.

A sementeira cruzada de trigo mourisco com centeio de inverno aumenta significativamente o rendimento do trigo mourisco. Desde o outono, semear o centeio em faixas de 2-3 passagens de semeador, deixando as mesmas faixas por semear. Na primavera, o trigo mourisco é semeado nelas. As faixas são colocadas ao longo dos ventos dominantes. O centeio de inverno cresce no início da primavera, cria-se um efeito de estufa no espaço inter-faixas, o solo fica mais quente 2-3^{0}C, o trigo mourisco brota mais rapidamente e fica mais protegido das geadas. Durante o período de floração do trigo mourisco, o centeio de alto crescimento evapora muita humidade, aumentando a humidade do ar, melhorando a polinização e a fixação das flores. Quando o centeio é colhido, o trigo mourisco está maduro, em corredores ventilados, e amadurece mais rapidamente.

Taxa de sementeira: na sementeira em linha na estepe - 3 milhões/ha, na floresta-estepe e no sopé - 3,5-4 milhões/ha de sementes germinadas. Na sementeira em linhas largas - 2-2,5 milhões/ha.

Cuidados na sementeira. Após a sementeira, revolver em caso de falta de humidade. A gradagem pré-emergente com grades ligeiras ou grades rotativas é efectuada para quebrar a crosta e matar as ervas daninhas na fase de fio branco. Nas culturas em fileiras largas, a cultura entre fileiras a uma profundidade de 4-6 cm é efectuada com o aparecimento dos rebentos de trigo mourisco e, depois, com o aparecimento das ervas daninhas antes da floração. A polinização adicional por abelhas aumenta o rendimento do trigo mourisco. Durante a floração, são instaladas 2-3 famílias de abelhas em 1 ha. Se tal não for possível, pode efetuar uma polinização adicional arrastando uma gaze sobre as culturas. Desta forma, o pólen é transferido de planta para planta.

Colheita. Os frutos do trigo mourisco formam-se e amadurecem num prazo de 25 a 30 dias. A maturação é muito prolongada, acompanhada pela quebra dos frutos inferiores mais completos. Por conseguinte, recomenda-se mais frequentemente uma colheita em duas fases, que é iniciada quando 2/3 dos frutos nas plantas se tornaram castanhos. Os rolos são recolhidos com um teor de humidade das sementes de 16-17%. A velocidade de rotação do tambor durante a debulha é reduzida para 500-600 rpm.

9. *LEGUMES DE GRÃOS*

9.1. Importância das leguminosas, superfície semeada e rendimento

As leguminosas para grão incluem as ervilhas, os feijões, as leguminosas secas, a soja, o grão-de-bico, o grão-de-bico, as lentilhas, a china, os tremoços e os amendoins. Pertencem à família das leguminosas (Fabaceae). Todas estas culturas se caracterizam por um elevado teor de proteínas nas sementes, devido à simbiose com bactérias nodulares, que assimilam o azoto do ar (quadro 21). As proteínas contêm um grande número de aminoácidos essenciais (lisina, valina, triptofano, metionina, etc.). Para além disso, as sementes contêm gorduras (especialmente abundantes na soja e no amendoim), minerais, vitaminas A, B1, B2, C, D, E, PP, pelo que todas estas plantas são valiosas culturas alimentares e forrageiras.

Quadro 21

Composição química das sementes de leguminosas para grão, % de ASV

Cultura	Proteína	Amido	Gordura	Fibra bruta	Cinzas
Ervilhas	20-35	20-48	0,7-1,5	5-7	2-3
Feijões	17-32	50-60	0,7-3,6	2-7	3-4
Lentilhas	21-36	47-60	0,6-2,1	2-4	2-4
Soja	27-50	20-32	13-27	3-7	4-5
Feijões	25-33	50-55	0,8-1,5	3-6	2-4
Grão-de-bico	18-29	47-60	4-7	2-12	2-4
Chyna	23-34	24-25	0,5-0,7	4-5	2-3
Tremoço de folha estreita	26-36	17-39	3-5	10-18	2,9-4

Um dos problemas alimentares actuais é a falta de proteínas nos produtos alimentares. De acordo com as normas médicas, uma pessoa deve consumir 90 g de proteínas por dia. Em média, no mundo, este valor é de 60 g, nos países desenvolvidos - 90 g, nos países em desenvolvimento - 25 g por dia. Existe um défice de proteínas, especialmente de origem animal, que são consumidas 4 vezes menos do que o normal.

A alimentação animal também carece de proteínas. De acordo com as normas zootécnicas, deveriam ser utilizados 110-115 g de proteínas digeríveis por cada unidade de forragem equilibrada em proteínas, mas, na realidade, a quantidade média de proteínas utilizadas no país é de 96 g, ou seja, 87% da norma, o que leva a um consumo excessivo de forragens e à sua escassez. É necessário resolver este problema com a ajuda de um amplo envolvimento de culturas leguminosas, uma vez que estas contêm 2-3 vezes mais proteínas na cultura do que os cereais.

Além disso, as proteínas destas culturas são mais completas, uma vez que contêm 1,5-3,0 vezes mais aminoácidos essenciais.
Culturas como as ervilhas semeadas, o feijão comum, a soja e as lentilhas de sementes grandes têm um elevado valor alimentar. As sementes destas culturas são utilizadas como alimento, grumos, farinha, adicionadas a produtos de confeitaria. As variedades vegetais de ervilhas e feijões são consumidas frescas e enlatadas. A soja tem a composição de aminoácidos mais valiosa, próxima da proteína animal, pelo que é adicionada aos enchidos. Uma das proteínas da soja - a glicina - é capaz de coagular quando azeda, pelo que é muito utilizada para produzir produtos lácteos fermentados. As sementes de soja são utilizadas para produzir óleo de soja, enquanto o bagaço e a farinha contêm até 40% de proteínas e são utilizados na alimentação do gado.
Os grãos de ervilha, soja, feijão forrageiro, grão-de-bico, grão-de-bico, variedades de tremoço não alcalóides são utilizados para a preparação de alimentos concentrados de alta proteína para animais. 1 kg de grãos destas culturas contém até 1,1-1,3 k.u. de proteínas.
e até 170-250 g de proteínas. Para além das sementes, o feno, a massa verde e a palha destas culturas são utilizados na alimentação do gado. A massa verde seca contém 3-8% de proteínas, ou seja, 2 vezes mais do que a dos cereais.
O valor agrotécnico destas culturas como bons antecessores é também elevado, uma vez que esgotam o solo em azoto menos do que as não leguminosas, deixando com os resíduos das culturas 40-100 kg de azoto por 1 ha, o que equivale a 10-20 toneladas/ha de estrume. Se as leguminosas forem utilizadas como culturas secundárias, o solo é enriquecido com azoto biológico, que é assimilado por elas no processo de fixação simbiótica do azoto.
Na agricultura mundial, as leguminosas para grão ocupam cerca de 13% das culturas de grão (quadro 22). No nosso país, as ervilhas são as mais difundidas. Nas regiões de estepe seca, o grão-de-bico e a china são mais importantes. Nas zonas mais meridionais, bem como no Extremo Oriente, a soja está muito difundida, nas zonas mais húmidas da floresta e da estepe florestal - ervilhas, feijão forrageiro, em solos arenosos - tremoço amarelo.

Quadro 22

Superfícies de cultivo e rendimentos das leguminosas para grão

Culturas	Superfície semeada, milhões de		Rendimento, toneladas/ha	
	a nível mundial	na Rússia	a nível mundial	na Rússia
Ervilhas	6,67	0,998	1,82	1,17
Feijão forrageiro	2,21	-	1,49	-

Soja	66,47	0,431	2,15	0,66
Tremoço	1,42	0,015	1,14	1,03
Feijões	26,36	0,004	0,66	0,85
Grão-de-bico	11,26	-	0,74	-
Lentilhas	3,38	0,004	0,84	0,7

9.2. Peculiaridades da estrutura das culturas de leguminosas

As sementes de leguminosas são constituídas por um invólucro e um embrião. O embrião é constituído por duas vagens com reservas nutritivas, uma raiz germinativa e um rim. O fruto das leguminosas, o feijão, é constituído por duas abas, entre as quais se encontram algumas sementes presas em pedúnculos. Quando maduro, o fruto racha-se na costura e as sementes caem. Os frutos do grão-de-bico não racham. As caraterísticas distintivas das sementes e dos feijões são apresentadas nos Quadros 23 e 24.

As folhas das leguminosas são complexas, constituídas por um pecíolo, vários folíolos e um trevo. De acordo com a estrutura da folha, dividem-se em grupos: plantas com folhas pinadas (ervilha, feijão, china, lentilha), com folhas triplas (soja, feijão), com folhas palmadas (tremoço) (Quadro 25, Fig. 11, 12). As plantas com folhas pinadas formam uma plântula principalmente devido ao epicótilo (epicótilo) e não trazem as vagens de sementes para a superfície durante a germinação. A colocação de sementes mais profundas e a gradagem antes e depois da emergência das plântulas são permitidas no seu cultivo.

Caraterísticas distintivas das sementes de leguminosas para grão

Ver	Tamanho, MM	Macca 1000 sementes, g	Forma da semente	Coloração das sementes
1	2	3	4	5
Ervilha de semente Pisum sativum L.	4-9	110-450	Redondo e angular, liso e enrugado	Rosa, amarelo, verde
Ervilha forrageira Pisum arvense L.	4-7	150-300	Redondo, ligeiramente angular, com reentrâncias	Escuro, com um padrão
Feijão forrageiro Vicia faba L.	22-30, 8-12	1-2,5 kg 200-450	É plano, em forma de rolo.	Castanho, preto
Lentilhas de sementes grandes Ervum lens L. ssp.macrosperma	5-9	50-75	Redondo, plano, com arestas vivas	Verde, castanho
Lentilhas de sementes pequenas	2-5	25-50	Mais convexo e com arestas menos vivas	O mesmo

Ervum lens L. ssp.microsperma				
Porca Chyna Lathyrus sativus	7-14	100-400	Em forma de cunha, irregularmente 3-4-carvão	Branco, cinzento
Grão-de-bico Cicer arietinum	6-10	100-400	Globular, angular com um bico	Branco, amarelo, preto
Feijão comum Phaseolus vulgaris	8-15	250-400	Em forma de rim, cilíndrica, esférica.	Diferente, com um padrão
Feijão Phaseolus multiflorus Phaseolus multiflorus	17-23	700-1200	Elíptica, achatada	Branco, mosqueado

1	2	3	4	5
Feijão-de-lima Phaseolus lunatus	12-24	600-1100	Globular, em forma de rim, em forma de lua com sulcos radiais	Brancas, coloridas, variegadas
Feijão-de-corda (tepary) Phaseolus acutifolius	8-10	100-140	Achatada, elíptica.	Diferente com riscas radiantes
Feijão dourado (feijão-mungo) Phaseolus aureus	3-5	30-60	Cilíndrico-arredondado	Amarelo, verde e preto.
Soja Glicina hispida	6-13	100-250	Globular, oval, até em forma de botão alongado	Amarelo, verde, diferente.
Tremoço branco Lupinus albus	10-14	250-450	Redondo e angular, esmagado.	Creme, cor-de-rosa
Tremoço amarelo Lupinus luteus	7-10	125-150	Em forma de botão arredondado	Cinzento salpicado
Tremoço de folhas estreitas (azul) Lupinus angustifolius	8-12	150-180	O mesmo	Cinzento com padrão de mármore
Lupinus polyphyllus (perene) Lupinus polyphyllus	3-5	70-100	Oval, fracamente lobulado	Cinzento com padrão mosqueado

Caraterísticas distintivas das leguminosas de grão

Cultura	magnitude	Forma	Coloração dos frutos maduros	Inchaço

Ervilhas semeadas	Grande, 3-10 grãos	Reto ou em forma de foice, largo	Amarelo palha	Nua
Feijão forrageiro	Grande, 3-7 grãos	Longo, inchado	Preto	Fracamente bárbaro
Lentilhas	Comprimento até 2 cm, 1-2 grãos	Rômbico, ligeiramente convexo	Amarelo palha	Nua
Porca Chyna	Pequeno, 2-4 sementes	Largo, alongado, com duas asas na costura dorsal	O mesmo	O mesmo
Grão-de-bico	Curto, 2 sementes	Oval, inchado, com um bico.	O mesmo	Densamente pubescente
Feijão comum	Longo, com várias sementes	Cilíndrico, reto ou curvo	Amarelo palha	Nua
Soja	Alongado, 2-5 sementes	Ligeiramente curvado	Castanho claro	Densamente pubescente
Tremoço branco	Grande, com várias sementes	Largo, achatado, distinto.	Amarelo	O mesmo

Caraterísticas distintivas das folhas das leguminosas para grão

Ver	Tipo de folha	Trevos	Forma da folha	Inchaço
1	2	3	4	5
Ervilhas	Pedúnculos parenais com uma gavinha comprida	Muito grande, com uma mancha vermelha na base	Grande, arredondado, oval	Nua
Ervilhas semeadas	O mesmo	Não existe qualquer mancha na base	O mesmo	O mesmo
Lentilhas	Pinadas com uma longa gavinha, multiparasitas	As brácteas são mais pequenas do que os folíolos	Pequeno, oval.	O mesmo
Porca Chyna	Pinadas, com gavinha, unipinadas	O mesmo	Maior, lanceolado	O mesmo
Feijão forrageiro	Parnífero, com uma ponta curta em vez de uma gavinha	Pequenas, dentadas nos bordos	Grande, ligeiramente oval	Nua
Grão-de-bico	Sem folhas	-	Pequena, ovada, dentada nos bordos	Densamente pubescente com pêlos glandulares
Feijão comum	Triangular, pecíolo mais curto ou igual	-	Grande, triangular com uma ponta alongada	Nua ou ligeiramente pubescente

	à lâmina foliar			

1	2	3	4	5
Feijão-de-corda	O mesmo, mas com pecíolo mais curto	-	A mesma coisa, mas com um final menos incisivo	O mesmo
Feijão de Sharpie	Semelhante ao feijão comum	-	Mais pequeno do que o comum, 1,5 vezes mais pequeno do que o comum	O mesmo
Feijão dourado	O mesmo	-	Com folhas ainda mais pequenas	O mesmo
Soja	Trigémeos	-	Ovoide, oval	Fortemente pubescente
Tremoço de folha estreita	Dedilhado, pequeno	-	Longo-linear, 7-9 em número.	Raro, comprimido, apenas na parte inferior
Tremoço amarelo	Dedilhado, médio a grande, 8-11 folíolos	-	Largo, grande, alongado-obovado.	Nos dois lados da folha
Tremoço branco	O mesmo, 7-9 folhas	-	Em forma de ovo	Por baixo, a ultrapassar o limite
Tremoço perene	O mesmo, 9-16 folhetos	-	Largamente lanceolado, acuminado na extremidade	Na parte inferior da folha

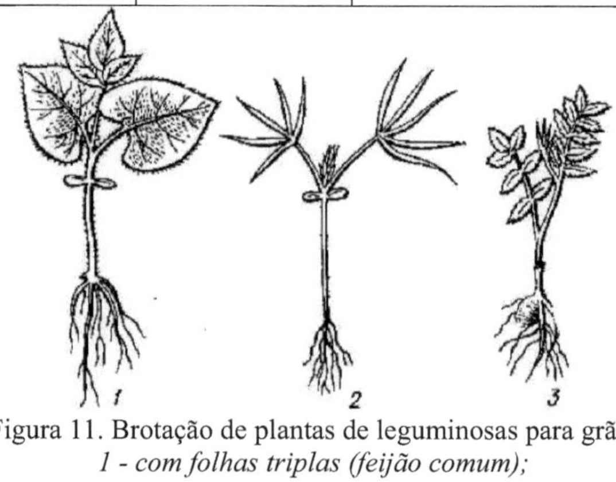

Figura 11. Brotação de plantas de leguminosas para grão:
1 - com folhas triplas (feijão comum);

2 - com folhas palmadas (tremoço); 3 - com folhas pinadas (grão-de-bico)

Figura 12: Folhas de leguminosas para grão:
1 - ervilhas; 2 - feijão forrageiro; 3 - chinas; 4 - lentilhas;
5 - grão-de-bico; 6 - ervilhaca

As plantas com folhas triangulares e palmadas germinam à custa do hipocótilo (hipocótilo), trazendo as plântulas para a superfície do solo. Devem ser semeadas relativamente mais rasas, pelo que não devem ser gradadas antes de germinarem, caso contrário corre-se o risco de as plântulas serem colhidas.

O sistema radicular das leguminosas é em forma de bastonete, ou seja, no início forma-se uma raiz principal em forma de bastonete, que pode penetrar a uma profundidade de 1,5 m ou mais, dando posteriormente origem a raízes laterais de diferentes ordens, que se localizam principalmente no horizonte arável. As raízes produzem nódulos de cor rosada nos quais se instalam bactérias nodulares do género Rhizobium, que assimilam o azoto atmosférico. Isto melhora a nutrição azotada das leguminosas e enriquece o solo com azoto.

De acordo com a estrutura do caule das leguminosas para grão, podem distinguir-se os seguintes grupos

1) com um caule ereto e relativamente resistente ao acamamento (soja, feijão, tremoço, grão-de-bico);
2) com um pedúnculo (ervilhas, grão-de-bico, lentilhas).

As plantas do segundo grupo têm folhas pinadas em que os folíolos superiores estão reduzidos a gavinhas.

As flores das plantas da família das leguminosas são irregulares, semelhantes a traças. A corola é constituída por cinco pétalas. A superior, não emparelhada, maior do que as outras, é uma vela, as duas inferiores estão fundidas nas bases para formar um barco, as duas laterais livres são asas. Os estames são dez, nove dos quais fundidos, rodeando um ovário alongado e aninhado com vários propágulos.

À medida que as plantas se desenvolvem e se formam novos órgãos vegetativos, formam-se flores ou inflorescências. Na maioria das espécies, formam-se flores simples ou 2-3 flores nas axilas das folhas, apenas o tremoço forma um pincel apical. Este tipo de crescimento, quando continua em altura ao mesmo tempo que o abrolhamento e a floração, é designado por não determinante e conduz a um amadurecimento hostil e prolongado.

Atualmente, são muito utilizadas as formas de ervilha com um caule encurtado e espesso, em que as flores se situam principalmente na parte superior do caule (formas de cápsula), o que provoca um amadurecimento mais amigável e simultâneo. Muitas variedades modernas baseiam-se em formas mutantes de ervilhas em que as folhas se transformaram em bigodes. Estas plantas são mantidas juntas por numerosos bigodes e não se alojam.

As leguminosas para grão são principalmente autopolinizadoras, mas no feijão forrageiro, no tremoço branco, amarelo e perene, para além da autopolinização, observa-se uma polinização cruzada significativa (até 50%). Na soja, feijão, grão-de-bico,grão-de-bico, para além autopolinização, observa-se uma polinização cruzada insignificante.

As leguminosas para grão têm as seguintes fases fenológicas de crescimento: germinação, rebentação, ramificação do caule, abrolhamento, floração, formação do grão, maturação e maturidade completa.

9.3. Caraterísticas biológicas das leguminosas para grão

A temperatura, a humidade e o regime de luz têm uma influência decisiva na formação do rendimento das culturas de leguminosas para grão.

A maior parte destas culturas são plantas de dias longos, espécies de zonas climáticas temperadas, tais como ervilhas, feijões, tremoços, chinenes, lentilhas e grão-de-bico. São menos exigentes em termos de calor (quadro 26).

A soja e o feijão são plantas de dia curto, mas as variedades de maturação precoce destas culturas são neutras em termos de fotoperíodo. Estas plantas são de origem mais meridional e gostam mais de calor.

Quadro 26

Necessidades térmicas das leguminosas para grão

Cultura	Temperatura de germinação das sementes,0C min/opt	Temperatura óptima para o período de crescimento и de desenvolvimento, 0C	Soma das temperaturas activas, 0C	Temperatura de dano por congelamento na fase de germinação/crescimento, ^{0}C
Ervilhas	1-2/6-12	16-20	1200-1600	-6...-7/-3...-4
Feijões	3-4/9-12	16-20	1400-1900	-5...-6/-3...-4
Lentilhas	2-3/6-12	16-22	1200-1600	-6...-7/-3...-4

Chyna	2-3/6-12	16-22	1800-1700	-6...-7/-3...-4
Tremoço branco	2-4/9-12	16-20	1700-2300	-4...-5/-3
Tremoço de folha estreita	2-4/9-12	16-20	1300-1600	-5...-6/-3...-4
Grão-de-bico	3-4/9-12	18-21	1300-1700	-8...-9/-3...-4
Soja	7-9/15-18	18-25	1700-3200	-2...-3/-2
Feijões	6-10/15-18	18-25	1500-1900	-1/-2

No caso das leguminosas, níveis mais elevados de temperaturas durante o período de enchimento e maturação das sementes.

De um modo geral, as leguminosas para grão gostam mais de água do que os cereais. É necessária muita água (100 a 120% do peso das sementes) para o período de inchamento e germinação das sementes, uma vez que estas contêm muitas proteínas.

Estas culturas têm coeficientes de transpiração elevados (500-600), que são superiores aos das culturas cerealíferas. As plantas jovens crescem mais lentamente, especialmente nas culturas de dias curtos, e por isso utilizam as reservas de humidade do inverno e da primavera de forma menos eficiente. A necessidade máxima de humidade das leguminosas para grão é observada durante a floração e a frutificação. A fixação simbiótica de azoto é ineficaz em caso de falta de humidade, os nódulos não se formam, os rendimentos são significativamente reduzidos. A humidade óptima do solo não é inferior a 70% do NV. As culturas que mais apreciam a humidade são as ervilhas, os feijões, a soja e o tremoço, enquanto as mais resistentes à seca são o grão-de-bico e o chinense. As lentilhas e os feijões são relativamente tolerantes à seca.

As culturas de leguminosas caracterizam-se por uma remoção bastante elevada de elementos nutricionais (quadro 27).

Tabela 27

Consumo de nutrientes por 1 tonelada de sementes e subprodutos relacionados, kg

Culturas	Para levar			
	N	P2O5	K2O	Total
Ervilhas semeadas	50	16	24	90
Ervilhas	45	20	17	82
Grão-de-bico	52	21	49	122
Feijão forrageiro	52	20	44	116
Feijões	53	22	29	104
Chyna	58	16	30	114

Lentilhas	59	20	28	107
Tremoço de folha estreita	67	19	43	129
Tremoço amarelo	68	19	42	129
Soja	72	23	38	123
Em média	58	19	23	110

A excreção de azoto é, em média, de 58 kg por 1 tonelada de sementes, contra 34 kg para os cereais. Pensa-se que as leguminosas assimilam 2/3 do azoto do ar e o restante do solo. Por conseguinte, em boas condições de fixação do azoto, estas plantas são menos exigentes em termos de nutrição azotada, mas, em caso de fixação ineficaz do azoto, estas plantas passam a utilizar apenas a nutrição azotada do solo, pelo que o rendimento é significativamente reduzido. A remoção de fósforo e potássio é também elevada, pelo que estas culturas são mais exigentes quanto a estes nutrientes, também porque aumentam a eficiência da simbiose.

Os oligoelementos molibdénio e boro são de grande importância para as leguminosas. O molibdénio faz parte da enzima nitrogenase, que liga o azoto do ar, e é importante para a fixação biológica do azoto. O boro promove um melhor desenvolvimento do sistema de condução vascular, que transporta assimilantes das folhas para os nódulos nas raízes e das folhas para os frutos. O boro aumenta significativamente o vingamento dos frutos.

Em geral, os solos neutros de composição mecânica média, contendo fósforo, potássio e cálcio suficientes, são preferíveis para as leguminosas para grão. As leguminosas têm exigências diferentes quanto à reação da solução do solo. Os mais tolerantes aos ácidos são o tremoço amarelo e o tremoço perene, que formam um aparelho simbiótico eficaz em solos com pH 4,5-5,0, podendo crescer em solos arenosos. A ervilha-de-cheiro e o tremoço de folhas estreitas crescem bem em solos arenosos ligeiramente ácidos (pH 5,5). Em solos ligeiramente ácidos (pH 5,5-6,0), mas mais férteis, podem crescer ervilhas de sementeira e feijão forrageiro. A soja e o tremoço branco preferem solos férteis com pH 6,0-7,0. Feijão, grão-de-bico, grão-de-bico - solos com pH 6,5-7,5. O feijão, o grão-de-bico e o grão-de-bico toleram bem os solos ligeiramente salinos.

9.4. Principais caraterísticas da tecnologia de cultivo culturas de leguminosas

Lugar na rotação de culturas. A fim de cumprir os requisitos fitossanitários, as leguminosas para grão não devem ser repostas no mesmo local antes de decorridos 3-4 anos. Na rotação de culturas, são colocadas após os cereais e após as culturas em linha. Não devem ser colocadas depois de gramíneas leguminosas perenes e leguminosas para grão, uma vez que têm pragas e agentes patogénicos comuns.

As leguminosas para grão são, elas próprias, boas predecessoras dos cereais e das culturas em linha, pois esgotam menos o azoto do solo do que outras culturas.

Peculiaridades da aplicação de fertilizantes. As plantas da família das leguminosas respondem bem aos adubos fosfatados e potássicos. Quanto mais tolerante à acidez for a cultura, mais baixo será o limite de disponibilidade de fósforo. O tremoço amarelo e o tremoço azul, tolerantes aos ácidos, desenvolvem-se bem com baixos teores de fósforo, sendo o limite inferior de 50 mg/kg de solo.

A soja, a ervilha e o feijão respondem bem à calagem em solos ácidos e têm um limite inferior de fósforo de 150 mg/kg, o feijão - 200 mg/kg.

Em condições óptimas de fixação de azoto (bom fornecimento de humidade, fósforo, potássio, oligoelementos B e Mo, arejamento do solo, presença de estirpes bacterianas específicas, reação neutra do meio do solo), a nutrição azotada é fornecida pela simbiose para 2/3 e pelo solo para 1/3. Neste caso, a fertilidade natural do solo pode proporcionar um rendimento de até 2,5 toneladas/ha de sementes. A aplicação de $P_{60}K_{60}$ nestas condições aumenta o rendimento até 3 toneladas/ha. A aplicação de azoto adicional ao solo pode ser economicamente desfavorável, uma vez que as plantas passam a alimentar-se de azoto mineral mais disponível. O azoto biológico não é assimilado, os nódulos não se formam durante muito tempo e não se observam aumentos de rendimento. Para obter um rendimento superior a 3 t/ha, é necessário aplicar azoto adicionalmente, mas para ultrapassar o antagonismo da nutrição autotrófica e simbiotrófica, é preferível aplicar azoto sob a forma de adubo foliar na fase de abrolhamento - floração. O azoto mineral assimilado através da superfície foliar não entra em conflito com a assimilação do azoto biológico da atmosfera.

Em condições desfavoráveis à fixação de azoto, os nódulos não se formam ou são ineficazes, pelo que os fertilizantes azotados são eficazes e utilizados em função da fertilidade do solo e do rendimento previsto.

É preferível aplicar a cal por baixo do antecessor, para que este tenha tempo de neutralizar o solo ácido. Para reduzir o pH em uma unidade, devem ser aplicadas 10 toneladas de cal por hectare. A matéria orgânica aplicada diretamente às leguminosas com caules instáveis provoca um risco elevado de acamamento e de crescimento excessivo da cultura, em detrimento da formação dos frutos. As plantas com caules estáveis podem ser fertilizadas com 20 t/ha de fertilizante orgânico.

Lavoura. A principal mobilização do solo para as leguminosas para grão é a mesma que para as culturas de cereais, incluindo o descasque após a colheita do restolho antecessor e a lavoura profunda de outono em 3 semanas. Em áreas propensas à erosão, a lavoura plana de proteção do solo após a colheita do antecessor KPSh-9 a 8-10 cm, afrouxamento profundo KPG-2-150 a 22-25 cm. Após as culturas em linha em campos limpos, a lavoura é substituída pelo afrouxamento. No inverno, é obrigatório reter a neve. Na primavera, a gradagem para fechar a humidade e o nivelamento do solo é feita com grades de arado ou, se possível, com equipamento especial (GN-4 - para nivelamento de cumes e sulcos, VPN-5,6 ou VP-8 - para nivelamento geral). Esta técnica promove a colocação uniforme das sementes durante a sementeira. No campo nivelado, os rebentos aparecem ao mesmo tempo, não há ajustamento, as plantas desenvolvem-se uniformemente, amadurecem de forma amigável. Além disso, é assegurado um trabalho mais fiável dos levantadores de caules e são eliminadas as perdas de rendimento dos feijões não cortados. Estas condições são essenciais para uma colheita direta mais progressiva.

Para as culturas de sementeira precoce, é efectuada uma cultura de pré-sementeira até à profundidade de sementeira. Para as culturas de dia curto semeadas tardiamente - dois cultivos com um intervalo de 7-10 dias para garantir uma maior eliminação de ervas daninhas.

Utilizam-se sementes condicionadas para a sementeira, preparadas com 3-4 semanas de antecedência para evitar doenças. Utilizam-se preparações eficazes, por exemplo, Fundozol (3 kg/t de sementes), Tachigaren (1-2 kg/t) em máquinas PSh-5, Mobitox.

A inoculação das sementes, ou seja, o tratamento com preparados microbiológicos (nitragina ou rizotorfina) para ativar a fixação simbiótica do azoto atmosférico por bactérias nodulares, é muito eficaz para as leguminosas. Consumo do preparado - 200 g por hectare de sementes. A inoculação é feita no dia da sementeira, sem acesso à luz solar direta, não pode ser combinada com a fertilização, mas pode ser feita simultaneamente com o tratamento das sementes com microelementos. Na sementeira em solos ácidos é eficaz o molibdénio, 25-50 g de molibdato de amónio por 1 kg de sementes. Na sementeira em solos neutros de calcário fresco, as sementes são tratadas com ácido bórico - 25-50 g / 1 kg de sementes. Este tratamento de sementes aumenta o rendimento em 0,2-0,3 toneladas/ha.

Se mais de 20 por cento do lote de sementes for de casca dura, é necessário escarificar. A dureza da semente está relacionada com a resistência à água do invólucro da semente e observa-se em algumas culturas da família das leguminosas, especialmente quando as sementes amadurecem a altas temperaturas e com a perda súbita de humidade das sementes. Neste caso, a cicatriz da semente fica bloqueada e a humidade não consegue chegar ao embrião, as sementes não incham e não germinam, embora o embrião seja bastante viável. As sementes são

escarificadas em escarificadores especiais ou trituradores de trevo. Isto quebra a integridade do revestimento da semente e permite que a humidade chegue ao embrião e as sementes comecem a germinar.
Os rendimentos dependem em grande parte da escolha correta das datas de sementeira. Para as plantas resistentes ao frio de dia longo (ervilhas, feijões, chinenes, lentilhas, grão-de-bico), cujas sementes começam a germinar a uma temperatura de +2...+40C, e os rebentos resistem bem às geadas, é preferível semear cedo, quando o solo está maduro e o seu aquecimento à profundidade de sementeira é de $+5^0C$, no início de maio, nas condições do Altai Krai. A sementeira tardia reduz os rendimentos em 15-20%, uma vez que a camada superficial do solo perde humidade e todas as leguminosas consomem muita humidade para o inchaço das sementes (100-120% do peso das sementes). Em caso de sementeira tardia destas culturas, o amadurecimento ocorre num período mais frio e é retardado, as plantas são mais afectadas por doenças (oídio), pulgões, aumento da monda por ervas daninhas tardias.
As culturas de dias curtos de origem meridional (soja, feijão) são mais sensíveis ao calor. As suas sementes começam a germinar a uma temperatura de pelo menos $+10^0C$, os rebentos resistem mal às geadas, pelo que estas culturas são semeadas mais tarde: feijão - no final de maio, e soja - a partir de 15-20 de maio para as condições de Altai Krai, quando o solo aquece até $+10^0C$, não havendo então ameaça de geadas durante o período de germinação. Os coeficientes de sementeira são apresentados no quadro 28.

Tabela 28

Taxas de sementeira e métodos de sementeira para leguminosas

Cultura	Método de sementeira	Taxa de sementeira, mln/ha	Peso de 1000 sementes, g	Pureza das sementes, % (PCT)	Germinação, % (PCT)
Ervilhas semeadas	Fileira, fileira estreita	1-1,4	150-250	97	87
Feijão forrageiro	Fileira, fileira larga	0,4-0,7	200-450	98	85
Grão-de-bico	Fileira, fileira larga	0,6-0,8	160-220	98	85
Lentilhas de semente grossa	Fileira, fileira estreita	2-2,5	55-65	98	87
Lentilhas de sementes finas	O mesmo	2,5-3	25-30	98	87
Tremoço de folha estreita	Privado	1,1-1,2	150-180	95	80
Tremoço	Privado	1,1-1,2	125-150	95	80

amarelo					
Tremoço branco	Fileira, fileira larga	0,6-0,8	240-450	96	80
Soja	Fileira larga	0,4-0,6	100-200	95	80
Feijões	Fileira larga	0,3-0,5	200-400	98	87

Na estepe, se houver falta de humidade, a taxa de sementeira é reduzida em
20-30%. No caso da sementeira em linhas largas, a taxa de sementeira é reduzida em 30% em comparação com o método em linhas.

As culturas que crescem relativamente depressa no primeiro período são semeadas em linhas e em linhas estreitas. Todas estas culturas são de dia longo e de sementeira precoce. A soja e o feijão, como plantas de dia curto, crescem lentamente no primeiro período, toleram pior o sombreamento mútuo, são fortemente sufocados por ervas daninhas, pelo que são tradicionalmente semeados numa linha larga com um espaçamento entre linhas de 45-60 cm. São também utilizados em sementeira em duas linhas largas com um espaçamento de 15 cm entre linhas.

A sementeira em linhas é efectuada com semeadores de cereais. Todas as leguminosas têm sementes grandes e, para não as traumatizar durante a sementeira, é necessário semear com uma relação de transmissão mínima e um comprimento máximo da parte de trabalho da bobina do semeador. A sementeira em linhas largas é efectuada por semeadores de precisão (SUPN-6, SPCH-6, SKNK-8, STV-12, SST-12A com o dispositivo STYA, semeadores de legumes SON-2,8), semeadores de cereais com placas de ancoragem SZA-3,6, SZ-3,6).

Não é recomendável semear em profundidade as culturas que produzem vagens à superfície (soja, feijão, tremoço). A profundidade de sementeira deve ser de 5-6 cm. As culturas que não apresentam vagens à superfície (ervilhas, grão-de-bico, lentilhas, feijão, grão-de-bico), se necessário, em solos mais leves e secos, podem ser semeadas em profundidade (6-8 e até 10 cm), e em solos húmidos e pesados - a uma profundidade de 5-6 cm.

As culturas com caules instáveis, como as ervilhas, especialmente em zonas com humidade suficiente, têm uma grande massa vegetativa e alojam-se. Isto dificulta a colheita, pelo que as ervilhas são frequentemente semeadas numa mistura com aveia, cevada, trigo, semeando 20-30% menos do que a norma dos cereais e 50-60 kg/ha de ervilhas. Mas, neste caso, o rendimento das ervilhas é significativamente reduzido. Se a humidade não for suficiente, ao cultivar ervilhas de acordo com a tecnologia intensiva, é melhor semeá-las em estado puro, o que permite escolher o sistema fitossanitário e os fertilizantes adequados.

Cuidados com as plantas. Após a sementeira, o solo é revolvido com rolos de espora circular (3KKSH-6A). Isto é especialmente importante em solos leves e de secagem rápida. Se o solo estiver húmido, não é necessário revolver o solo. Na luta contra as ervas daninhas anuais, a gradagem é efectuada antes da germinação, 4 dias após a sementeira, e após a germinação, na fase de 2-4 folhas, até ao aparecimento de gavinhas transversais ou diagonais às linhas. Os dentes da grade são dirigidos com o lado ceifado para a frente, utilizam-se tractores de lagartas com menor pressão do trem de aterragem no solo, velocidade - 6-8 km/hora para a primeira e 4-5 km/hora para a segunda gradagem. Isto destrói a crosta do solo, melhora o arejamento do solo e destrói 60-80% das ervas daninhas anuais. É preferível que a gradagem pós-emergência seja efectuada durante o dia, quando o turgor das plantas é perturbado, ficando assim menos traumatizadas. Ao planear a gradagem antes e depois da germinação, a taxa de sementeira é aumentada em 10-15%.

Em caso de sementeira pouco profunda, não é recomendada a gradagem das culturas que trazem as plântulas para a superfície antes de brotarem.

Nas culturas de leguminosas é possível aplicar herbicidas tanto no solo (Prometrine, Lenuron - 1,5-2 kg/ha com incorporação no solo) como durante a vegetação (Bazagran - 2,5 kg/ha, Fusilat-Forte - 1-1,5 l/ha contra ervas daninhas de cereais e Agritox - 0,5 l/ha contra ervas daninhas dicotiledóneas) na fase 3-5 das folhas das ervilhas, quando o revestimento máximo de cera nas folhas e as plantas cultivadas são resistentes ao herbicida. Os herbicidas são aplicados com pulverizadores de barra OPSh-15, OP-2000. A utilização de herbicidas é especialmente importante para as culturas que se desenvolvem lentamente no início das colheitas, nomeadamente a soja.

Nas culturas de fileiras largas, efetuar 2-3 culturas entre fileiras com cultivadores KRN-4,2, programando-as para o aparecimento maciço de ervas daninhas, o mais tardar na fase de abrolhamento.

Em caso de aparecimento maciço de pragas (por exemplo, pulgões - 20 peças por planta, gorgulho da ervilha), é necessário pulverizar as plantas com inseticida.

Colheita. A maior parte das leguminosas para grão amadurecem de forma desigual, sendo os grãos inferiores os primeiros a amadurecer, seguidos dos superiores. Os feijões inferiores amadurecem primeiro, seguidos dos superiores, e racham durante o amadurecimento, sobretudo em condições climáticas instáveis, após humedecimento e secagem alternados. Os feijões inferiores, com as sementes mais completas, têm uma fraca fixação. A grande massa vegetativa e os caules instáveis provocam o acamamento. Todos estes factores dificultam a colheita, pelo que se recomenda mais frequentemente a colheita separada. As plantas são cortadas em faixas quando 65-70% dos feijões estão acastanhados, quando o enchimento terminou e a humidade das sementes é de 30-35%, por cortadores de feijão ZhRB-4,2, ZhSB-4,2. A altura de corte é de 5-6 cm. Os caules com pernas são cortados ao longo do alojamento ou em ângulo com o alojamento. É preferível ceifar de manhã ou ao fim da tarde, quando o teor de humidade dos feijões é mais elevado e estes têm menos probabilidades de rachar. As faixas são colhidas em 3 a 4 dias, com um teor de humidade das sementes de 16 a 19%, por ceifeiras-debulhadoras equipadas com um colhedor de cópias. É importante ajustar a debulhadora, reduzindo as rotações do tambor para 400-500 rpm para a cultura seca e 500-700 rpm para a cultura húmida. As folgas entre os chicotes do tambor e as ripas da plataforma são de 20-25 cm na entrada e de 8-13 mm na saída (menos para a cultura húmida e mais para a seca).

À medida que se vão aprendendo tecnologias mais avançadas e em determinadas condições, a colheita direta é aceitável:

- para as culturas e variedades cujos grãos não estalam (grão-de-bico, variedades de ervilha que não estalam);
- para as não leguminosas (soja, grão-de-bico, variedades de ervilhas bigodudas ou semi-moustached, variedades com caules curtos e espessos);
- com maturação precoce das sementes (variedades com um tipo de crescimento mais determinante, de caule curto);
- em campos livres de ervas daninhas e nivelados;
- nas zonas de estepe, com maturação rápida em caso de seca;
- com dessecação preliminar das culturas com reglon (2-3 kg/ha) no início do amarelecimento com 45% de humidade das sementes, 7-10 dias depois a colheita é feita diretamente;
- equipar a ceifeira-debulhadora com levantadores de caules.

A colheita é iniciada diretamente quando o fruto está 90% acastanhado (amarelado) e a humidade das sementes é de 18-19%.

10. CORNEPLOODS

10.1. Importância, composição química, rendimentos

As culturas radiculares incluem a beterraba sacarina (Beta vulgaris L. v. saccharifera), a beterraba forrageira (Beta vulgaris L. v. crussa) pertencente à família Chenopodiaceae, a cenoura forrageira (Daucus carota L. ssp. rapifera) da família Apiaceae, a rutabaga (Brassica napus L. ssp. rapifera), o nabo (Brassica rapa L. ssp. rapifera) da família Apiaceae.) pertence à família do aipo (Apiaceae), a rutabaga (Brassica napus L. ssp. rapifera), o nabo (Brassica rapa L. ssp. rapifera) pertencem à família das couves (Brassicaceae).

A principal cultura técnica produtora de açúcar na Rússia é a beterraba sacarina.

Composição química da raiz: água - 75%, matéria seca - 25, incluindo sacarose - 17,5, frutose e glucose - 2,5, proteína - 1, fibra - 2,5, substâncias pectínicas - 2,5, cinzas - 0,6%. As variedades modernas de beterraba sacarina contêm 15-19% de sacarose e, com rendimentos elevados (40-50 toneladas/ha), a recolha de açúcar por hectare será de 7-8 toneladas/ha. Os resíduos da produção de beterraba sacarina são o melaço e o bagaço. O melaço contém até 60% de sacarose e é utilizado para produzir álcool, levedura e ácido cítrico. A polpa de beterraba (aparas de beterraba espremidas) contém 15% de matéria seca e é uma boa forragem. 100 kg de bolo seco contêm 80 kg de unidades de alimentação. O defecado contém até 50% de cal, 1,5% de matéria orgânica e é um bom fertilizante, especialmente em solos ácidos.

Na agricultura mundial, a beterraba sacarina é semeada em cerca de 8 milhões de hectares, principalmente na Europa, China, Rússia e Ucrânia. Na Rússia, a área semeada é de cerca de 1 milhão de hectares (Zona Central Central, Território de Krasnodar, Território de Stavropol, Sibéria Ocidental). O rendimento médio no mundo é de 32,8 toneladas/ha, no país - 15-16 toneladas/ha. Nas explorações avançadas, obtêm-se rendimentos de 30 a 50 toneladas por hectare.

As culturas de raízes forrageiras - beterraba forrageira, cenoura, rutabaga, nabo - são forragens suculentas, facilmente digeríveis e lácticas. Em 100 kg de culturas de raízes contém 7-14 k.u., devido ao elevado rendimento (50 t/ha de culturas de raízes + 20 t/ha de lombo) o rendimento das unidades forrageiras - 8,5-10 t/ha, que é 3 vezes superior ao das culturas de cereais. As culturas de raízes forrageiras contêm 15-20% de matéria seca, incluindo 10-12% de sacarose, vitaminas C, B1, B2, PP, caroteno.

10.2. Peculiaridades da estrutura das plantas de raiz

Todas as culturas de raízes são plantas bienais. No primeiro ano, cresce uma roseta de folhas e um torrão engrossado. No segundo ano, os caules com flores e frutos formam-se a partir de botões axilares na cabeça da cultura de raízes.

Não só as sementes propriamente ditas, mas também os frutos podem muitas vezes ser utilizados como sementes (quadro 29).

Quadro 29

Sementes para culturas de raízes

Cultura	Frutos ou sementes	Forma	Magnitude, mm	Superfície	Colorir
Beterraba	O fruto é uma noz ou um copépode	De ângulo redondo	2-6	irregular	Amarelo-castanho
Cenouras	O fruto é uma semente dupla	Ovado alongado	3	Nervurado com agulhas finas	Castanho
Brukva	Sementes	Globular	Até 2	Suave	Preto
Nabos	Sementes	Globular	Até 2	Suave	Castanho a preto

O fruto da beterraba é uma noz, coberta por um pericarpo lenhoso e solto, sobre o qual, sob uma capa plana, se encontra uma semente disposta horizontalmente numa casca brilhante. O embrião da semente está enrolado num anel à volta do perisperma, com uma reserva de nutrientes. O embrião é constituído por dois propágulos, um rim entre eles, uma sub-semente e uma raiz germinativa.

Existem formas biológicas de beterraba: multi-sementes e mono-sementes. Na beterraba multissemeada, as flores do pedúnculo são reunidas em espirais de 2-5 peças, quando formam frutos, são unidas pelo pericarpo, formando um copépode de 2-5 frutos.

A beterraba de crescimento único tem flores dispostas uma de cada vez, produzindo frutos únicos. As variedades e os híbridos de beterraba de crescimento único foram desenvolvidos há relativamente pouco tempo. A sua introdução na produção tornou possível a mecanização de todas as operações de cultivo da beterraba.

O fruto da rutabaga e do nabo é uma vagem, o da cenoura é uma vagem com duas sementes.

Quando as sementes são expostas a condições favoráveis, começam a germinar. Durante a germinação, estas culturas trazem os propágulos para a superfície, com o desenvolvimento posterior aparece a primeira folha verdadeira, depois a segunda, e assim por diante. (Quadro 30, Figura 13).

As novas folhas formam-se ao longo da estação de crescimento, com as folhas jovens a emergir no centro da roseta de folhas e as folhas velhas a serem empurradas para a periferia da cabeça. A beterraba pode formar 50-70 folhas. Ao mesmo tempo que a superfície foliar, forma-se uma cultura de raízes.

Quadro 30 Caraterísticas distintivas das plântulas e das folhas verdadeiras das culturas radiculares

Cultura	Folhas de sementes	Primeiras folhas verdadeiras e seguintes				
		placa	molde	qualidade superior	coloração	depósito de cera
Beterraba	Longo lanceolado	Sólido	Primeiro oval, depois em forma de coração.	Suave	Verde	Não
Cenouras	Longo linear	Mno-go-krat-noras-seccionado.	-	Liso ou com pêlos	O mesmo	O mesmo
Brukva	Oval com um entalhe na extremidade	Ligeiramente dissecado.	Em forma de lira	Suave	Verde escuro	Já está
Nabos	O mesmo	O mesmo	O mesmo	Reduzido	Verde claro	Não

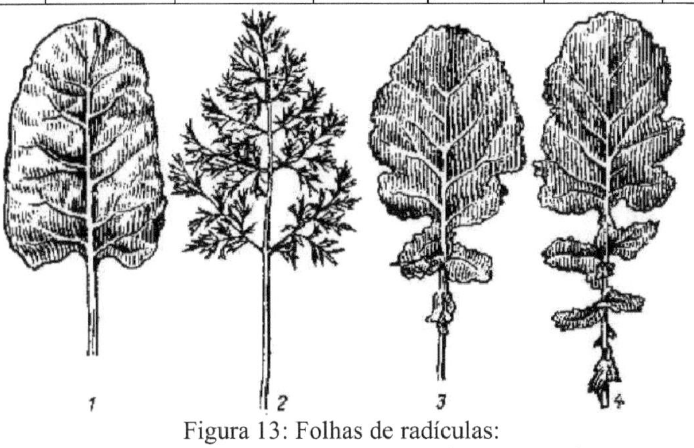

Figura 13: Folhas de radículas:
1 - beterraba; 2 - cenoura; 3 - rutabaga; 4 - nabo

Uma cultura radicular é constituída por uma cabeça, um colo e a própria raiz. A cabeça é uma formação de caule; a parte superior da cultura de raízes, que contém as folhas, desenvolve-se inteiramente acima do solo. A cabeça é fortemente lenhosa e contém a menor quantidade de açúcar. O cotilédone é formado a partir da sub-semente (hipocótilo), tem uma forma cilíndrica, não tem folhas nem raízes laterais. O colo, tal como a raiz, é uma parte de pleno direito para fins técnicos e forrageiros. A raiz propriamente dita é a parte cónica inferior da radícula, na qual se formam as raízes laterais (quadro 31). A polpa da raiz da rutabaga é mais densa, pouco translúcida mesmo em fatias bastante finas. Os nabos têm uma polpa mais friável, os anéis condutores vasculares são bem translúcidos em secções finas.

No nabo, na rutabaga e na cenoura, podem ser observados dois anéis formados por feixes condutores vasculares na secção transversal da raiz, o que está associado à estrutura primária e secundária da raiz. Na beterraba, formam-se 10-12 anéis devido à atividade de vários anéis cambiais sucessivos que formam feixes condutores vasculares. Entre os anéis forma-se o tecido parenquimatoso, em cujas células se deposita a maior parte do açúcar.

Quadro 31

Caraterísticas distintivas das culturas de raízes de diferentes espécies

Sinais	Beterraba	Cenouras	Brukva	Nabos
Localização das espinhas laterais	Em ambos os lados da raiz em duas ranhuras	Em quatro filas verticais esparsas	Em toda a superfície da raiz propriamente dita	Na raiz axial
Forma da raiz	Diversos	Longo	Arredondado	Comprido, arredondado, cónico.
Coloração da parte subterrânea da raiz	O de açúcar é branco, y forragem - amarelo, laranja, cor-de-rosa	Branco, laranja, vermelho	Branco, amarelo	Branco, amarelo
Coloração da parte aérea da raiz	O de açúcar é branco, y forragem - amarelo-cinzento, vermelho-violeta	Branco, laranja, verde	Verde, roxo	Verde, roxo
Coloração da polpa da raiz	Na cana-de-açúcar - branco, nas forragens - branco, por vezes com anéis cor-de-rosa, raramente amarelo	Branco, laranja, vermelho	Branco, amarelo	Branco, amarelo
O sabor da raiz	Doce	Picante	Vermelha, mais doce.	Redecorado

10.3. Caraterísticas biológicas das culturas de raízes

O ciclo de desenvolvimento individual das culturas de raízes dura dois anos. No primeiro ano, a duração da vegetação da beterraba sacarina é de 150-170 dias (120-130 dias na Sibéria), beterraba forrageira - 25-30 dias mais curta do que a beterraba sacarina, rutabaga e cenoura - 110-120 dias, nabo - 70-110 dias. No segundo ano - 90-120 dias.

No primeiro ano, forma-se uma raiz grossa com uma roseta de folhas, mas há variações na forma de plantas com flores no primeiro ano e

plantas "teimosas" no segundo ano. Quando a beterraba passa por um ciclo completo de desenvolvimento num ano, floresce e dá frutos, chama-se "floração". As culturas de raízes com floração tornam-se lenhosas e não são adequadas para transformação. Causas da praga da flor: sementeira precoce numa primavera fria e prolongada, longas horas de luz do dia. A beterraba, enquanto planta de dia longo, encurta o período vegetativo num dia longo com um longo período de frio e pode entrar em floração logo no primeiro ano se as variedades não estiverem adaptadas a um dia longo. As nabiças e os nabos, sendo culturas mais resistentes ao frio, são menos propensas à floração do que as beterrabas, enquanto as cenouras necessitam de um longo período de baixas temperaturas (100-140 dias) para a transição para a floração, pelo que não florescem mesmo em sementeiras de inverno.
As plantas teimosas ou "solteironas" são plantas que não florescem no seu segundo ano. Este facto reduz o rendimento das plântulas. As causas são o aumento das temperaturas durante a colheita precoce das plantas-mãe ou durante o armazenamento, a secagem das culturas de raízes, a plantação superficial no segundo ano.
Necessidade de calor. Todas estas culturas são plantas de dias longos, uma vez que as espécies se formaram em latitudes temperadas, pelo que são relativamente resistentes ao frio. A temperatura mínima de germinação das sementes é de +3...+40C, os rebentos viáveis aparecem a uma temperatura de +6...+7 no 10º-15º dia, e à temperatura óptima para o período de germinação de +15...+180C - no 67º dia.
Na fase de folhagem das plântulas, as plântulas podem ser danificadas por geadas de -3^{0}C, mas na fase do primeiro par de folhas verdadeiras, a tolerância ao frio aumenta e as plantas resistem a geadas de -4^{0}C. As radículas de plantas adultas, quando desenterradas e deitadas no solo sem cobertura, são danificadas por geadas de -3^{0}C e tornam-se inadequadas para armazenamento. As raízes das plantas adultas, desenterradas e descobertas no solo, são danificadas por geadas de -2^{0}C e tornam-se impróprias para armazenamento. Este facto é particularmente perigoso para as plantas-mãe.
A temperatura óptima para a assimilação na beterraba é de 120...1250C, na rutabaga e no nabo - +15...+200C. Nas regiões mais meridionais, a rutabaga e o nabo não toleram o calor e a falta de humidade. No outono, a vegetação das culturas de raízes pára a uma temperatura de
+2...+4^{0}C, e a acumulação de açúcar pára a +60C. A soma das temperaturas activas necessárias no primeiro ano para a beterraba é de 2200-24000C, para a rutabaga e o nabo - 1500-18000C.
Necessidade de humidade. A beterraba sacarina é uma cultura relativamente resistente à seca. Um sistema radicular fortemente

desenvolvido até 2-3 metros de profundidade permite a extração de água a grandes profundidades. Com um longo período de crescimento, a beterraba sacarina utiliza eficazmente a precipitação na segunda metade do verão. Um coeficiente de transpiração bastante baixo de 400 permite uma utilização mais económica da humidade, especialmente com um elevado nível de agrotecnia. Ao mesmo tempo, a beterraba tem necessidades de humidade bastante elevadas. Durante o período de germinação, necessita de muita água - 150-170% do peso da semente para inchar e germinar devido à presença de um pericarpo solto. A maior quantidade de humidade é consumida durante o período de maior crescimento das raízes em julho - agosto. Quando não há humidade suficiente durante este período, forma-se uma colheita de raízes mais pequena, mas com um teor de açúcar geralmente mais elevado.

As culturas de raízes formam uma grande quantidade de biomassa seca, o consumo de água por 1 ha é muito mais elevado do que o dos cereais, pelo que todas as técnicas agrícolas de armazenamento de humidade são de grande importância.

As culturas de raízes forrageiras são menos resistentes à seca do que a beterraba sacarina, uma vez que têm um sistema radicular menos potente até 1-1,5 m de profundidade, pelo que é preferível colocá-las em locais de relevo baixo.

Necessidades em termos de solo e de nutrientes. As culturas de raízes são culturas de solos soltos e férteis. A beterraba é a mais exigente dos solos; necessita de solos com um horizonte arável profundo; cresce melhor em chernozems, solos argilosos de floresta cinzenta ricos em húmus. Os solos das planícies e das várzeas, os prados e os solos castanhos escuros são-lhe adequados, húmidos, profundos solos férteis e podzólicos cultivados. A reação neutra ou ligeiramente alcalina da solução do solo é a mais favorável para a beterraba. A beterraba pode adaptar-se a solos ligeiramente salinos e até formar nesses solos um teor de açúcar mais elevado. A beterraba não deve ser plantada em solos argilosos pesados, encharcados, arenosos pobres e pedregosos.

As cenouras crescem numa variedade de solos, com um pH ótimo de 5,5-7,0.

A rutabaga prefere solos coesos com boa capacidade de retenção de água e pode ser cultivada com sucesso em solos pesados que são regados em excesso, mas não se dá bem em solos arenosos. Os nabos crescem bem em solos leves, os solos pesados não são adequados para eles. Tanto para a rutabaga como para os nabos, são preferíveis solos ligeiramente ácidos com pH 6,0-6,5; podem suportar satisfatoriamente uma acidez superior a pH 4,5.

A elevada exigência em termos de fertilidade do solo é causada pela elevada remoção (Quadro 32).

Quadro 32

Consumo de nutrientes, kg por 1 tonelada de culturas de raízes e subprodutos relacionados

Cultura	N	P2O5	K2O
Beterraba sacarina	4-7	1-3,5	5-7,5
Beterraba forrageira	2,5-3	0,9-1	4,5-5
Cenouras	3,5	1,5	7
Brukva	4	2,5	7,5
Nabos	2,5	1	3,8

As plantas precisam de azoto durante toda a estação de crescimento, mas especialmente no início do crescimento. A deficiência de azoto faz com que as folhas se tornem verdes claras, amarelem cedo e morram. O excesso de azoto alonga a vegetação, aumenta o crescimento das folhas em detrimento do crescimento das raízes, reduz o teor de açúcar, enquanto o teor de azoto não proteico aumenta nas culturas de raízes, o que reduz o rendimento em açúcar da planta. Além disso, a capacidade de armazenamento das culturas de raízes-mãe e forrageiras deteriora-se, a resistência à seca e a resistência a doenças e pragas é reduzida.

O fósforo é necessário especialmente nas primeiras fases de crescimento, tem um efeito positivo no sistema radicular, aumenta o teor de açúcar em 0,2-0,3%.

As culturas de raízes são plantas que gostam de potássio; o rendimento de potássio da beterraba sacarina é 3 vezes superior ao das culturas de cereais. O potássio aumenta significativamente o teor de açúcar em 0,3-0,6%, a resistência à seca, a capacidade de armazenamento, a resistência às doenças e às geadas.

A deficiência de cálcio provoca a variegação, o bórax provoca o apodrecimento do coração.

Peculiaridades da aplicação de fertilizantes. A aplicação de matéria orgânica durante a lavoura proporciona um elevado aumento do rendimento da beterraba sacarina. 1 t/ha de estrume dá um aumento de 0,5 centners/ha de culturas de raízes na estepe e 2,5 centners/ha - na estepe florestal. Taxas recomendadas de aplicação de matéria orgânica: na estepe - 20-30 toneladas/ha, na estepe florestal - 30-40 toneladas/ha.

Nas condições económicas actuais, as doses duplas e triplas de fertilizantes para a beterraba sacarina não compensam os ganhos de rendimento obtidos. Pode obter-se um maior efeito combinando a aplicação de matéria orgânica sob o precursor e taxas moderadas de fertilizantes minerais sob a beterraba sacarina (60-90 kg d.v./ha). As taxas de aplicação de fósforo e potássio são ligeiramente aumentadas em comparação com o azoto (em 15-20%), a fim de garantir um maior teor de açúcar e uma melhor qualidade das raízes.

A fertilização por pulverização das plantas antes da aproximação das folhas na entrelinha com adubos húmicos com microelementos, Nutrivant plus com adesivo, Aquamarine e outros, é eficaz para proporcionar uma boa proteção das plantas contra o stress, estimular o crescimento e fornecer uma fonte adicional de nutrição.

Fases e períodos de crescimento e desenvolvimento da beterraba. No primeiro ano de vida, observam-se as seguintes fases de crescimento: brotamento (fase de garfo), 1, 2, 3 pares de folhas verdadeiras, fechamento das folhas nas linhas, fechamento das folhas nas entrelinhas, abertura das folhas nas entrelinhas.

Na formação da cultura de raízes no primeiro ano de vida, as plantas passam pelos seguintes períodos.

Sementeira - germinação (10-15 dias). Se este período aumentar, especialmente em primaveras frias e húmidas e quando se formam crostas, as plantas são afectadas pela doença dos nós das raízes (esta é uma doença que afecta as plantas sob a ação de microrganismos patogénicos do solo), é necessário assegurar uma proteção eficaz das plantas, destruir o
crosta do solo.

Rebentos - 3° par de folhas. Neste momento há uma transição da estrutura primária da raiz para a secundária, a chamada "muda" da raiz, a casca primária é destruída, o que se manifesta no aparecimento de fissuras longitudinais na parte subterrânea da planta, a raiz começa a crescer em espessura. No final deste período, é necessário completar a formação da densidade da planta, desbastando, se necessário, caso contrário, há um "escoamento" da raiz, ou seja, em um estado espessado de plantas formam uma colheita de raiz fina de forma irregular.

Período de maior crescimento foliar a partir do 3° par de folhas até as folhas se juntarem na entrelinha.

Aumento do crescimento das raízes e da acumulação de açúcar antes da colheita.

10.4. Métodos tecnológicos de cultivo beterraba sacarina

A beterraba sacarina é uma das culturas mais dispendiosas, cujo rendimento depende em grande medida das condições pedológicas, climáticas e tecnológicas.

Atualmente, é bastante convencional distinguir tecnologias extensivas e intensivas. O nível extensivo envolve o cultivo de variedades-populações plásticas, as mais adaptadas às condições locais, sem fertilizantes, utilizando maquinaria doméstica da velha geração, sem meios de proteção ou com utilização ocasional dos mesmos. As tecnologias intensivas implicam o cultivo de híbridos de alto rendimento com elevado potencial produtivo, o que exige a utilização de fertilizantes, um sistema integrado de proteção fitossanitária, a utilização de maquinaria importada mais avançada ou dos seus análogos nacionais. Com uma combinação de elevada intensidade energética e de recursos, bem como de recursos naturais adequados, em Altai Krai, na zona de estepe kolok árida e moderadamente árida, podem esperar-se 23-30 toneladas/ha, na estepe florestal - 30-35 toneladas/ha de culturas de raízes de beterraba sacarina.

A tecnologia de cultivo da beterraba sacarina em diferentes zonas edafoclimáticas tem as suas próprias particularidades. A beterraba sacarina deve ser colocada em rotação de culturas, com regresso ao mesmo local não antes de 4 anos, a fim de criar um regime ótimo de água, ar e alimentos, bem como um bom estado fitossanitário do campo e a eliminação de ervas daninhas.

Na zona estepária de Altai, a beterraba sacarina é tradicionalmente colocada em pousio limpo. Na estepe florestal, onde a soma das precipitações do ano não é inferior a 500 mm, é preferível colocar a beterraba sacarina sobre trigo de inverno ou de primavera, em pousio fertilizado. Na estepe florestal, especialmente em solos mais pesados, de acordo com os dados da estação experimental de reprodução de Biysk, os rebentos de beterraba semeados em pousio puro sofrem mais com a crosta do solo e com as nódoas das raízes, uma vez que, após vários tratamentos em pousio, o solo é propenso a inchar e a compactar-se. A inclusão de culturas secundárias nas rotações de beterraba como pousio e como cultura intermédia após a colheita precoce do antecessor enriquece o solo com matéria orgânica e limpa o solo de nemátodos. A utilização de uma cultura sideral é também um meio adicional de controlo de ervas daninhas, que são suprimidas por plantas siderais de crescimento rápido e não têm tempo para inseminar quando se colhe o siderato na fase de floração. O aumento do rendimento com a utilização do siderato atinge 1,6 t/ha e os custos são 4 a 5 vezes inferiores aos do transporte e da aplicação de fertilizantes orgânicos.

A principal mobilização do solo para a beterraba é considerada particularmente intensiva em termos de energia. Recomenda-se o cultivo de pousios limpos pelo tipo de pousio precoce, começando com o afrouxamento pós-colheita em plantio direto a uma profundidade de 10-12 cm no outono. No início do verão, lavra com aiveca a uma profundidade de 25-27 cm e, em seguida, cultivo superficial em combinação com monda química no aparecimento de ervas daninhas. No final do outono - afrouxamento profundo em plantio direto sob beterraba a uma profundidade de 28-30 cm. De acordo com vários investigadores, é possível substituir a lavoura profunda de aiveca por uma lavoura mais rasa (20 cm) e combiná-la com o afrouxamento profundo em plantio direto sem redução notável do rendimento. Não se exclui a possibilidade de uma cultura de base menos onerosa para a beterraba em condições de seca, mas as infestantes, especialmente as infestantes perenes, estão mais disseminadas e os herbicidas devem ser mais utilizados.

O campo é então gradado e nivelado com grades no início da primavera. Mas se o solo tiver sido completamente nivelado desde o outono por culturas pós-cultivo, então, em zonas onde se pratica a sementeira mais cedo (por exemplo, na estepe, de 1 a 5 de maio), o cultivo no início da primavera pode ser evitado e a sementeira pode ser feita imediatamente após a lavoura de pré-sementeira. A mobilização do solo antes da sementeira deve ser efectuada a uma profundidade não superior a 3-4 cm, a fim de criar uma cama de sementes firme. É importante não perturbar o sistema capilar formado no solo durante o inverno e a primavera, através do qual a humidade chega às sementes e às raízes. Por conseguinte, é preferível efetuar o tratamento no dia da sementeira, utilizando a USMK-5,4 ou máquinas combinadas que combinem o afrouxamento, o nivelamento e o rolamento.

A sementeira da beterraba deve ser iniciada quando o solo a uma profundidade de 5-7 cm aquece até +6...+8oC. Na estepe é a primeira década de maio, na floresta-estepe - o início da segunda década. A sementeira tardia provoca a perda de humidade da camada superficial do solo, o encurtamento do período de vegetação e, consequentemente, um rendimento fraco e um teor de açúcar inferior. Cada dia de atraso na sementeira leva a uma redução de 3-4 centavos/ha no rendimento.

O método tecnológico mais importante é a sementeira e a formação de uma densidade óptima de plantas. A prática mostra que a densidade real das plantas de beterraba é frequentemente 60-70% da recomendada, o que implica perdas de rendimento correspondentes.

As modernas tecnologias intensivas europeias prevêem uma sementeira de precisão para uma densidade final de 6-7 frutos por 1 m de linha, o que corresponde a 1,3-1,4 unidades de sementes por 1 ha. Uma unidade de sementeira é o número de sementes semeadas por 1 ha quando se semeiam 5 frutos por 1 m de linha. Com a sementeira de precisão - o consumo mínimo de sementes caras, e no futuro não há necessidade de operações para formar a densidade das plantas. Mas a sementeira de precisão é possível em campos limpos de ervas daninhas quando se fornecem meios eficazes de proteção das plantas contra doenças, pragas, ervas daninhas durante a vegetação, bem como na presença de sementes de alta qualidade com uma germinação de pelo menos 90-95%, igualada a 90%. Ao mesmo tempo, é necessário criar condições para uma elevada germinação no campo.

A experiência mostra que, no campo do Território de Altai, a germinação das sementes de beterraba é de 40-60%, pelo que a densidade final é de 10 peças por 1 m de linha (consumo de sementes de 3,5-4,5 kg / ha) para obter 5-6 peças de rebentos, que, aquando da colheita, serão 4-5 peças por 1 m de linha, ou seja, cerca de 100 mil plantas por 1 ha. Esta é a densidade óptima de plantas de beterraba na floresta-estepe. Na estepe, a densidade óptima de plantas é de 80 mil plantas por 1 ha, ou 3-4 plantas por 1 m de linha.

Se as possibilidades de garantir a proteção das plantas forem limitadas, a taxa de sementeira deve ser aumentada para 15 frutos por 1 m de linha e, dependendo das plântulas obtidas, deve ser feito um desbaste, se necessário. Esta opção de sementeira só é possível se houver material de sementeira suficientemente barato. Mas, atualmente, na ausência de produção de sementes de beterraba sacarina no Altai Krai, são utilizadas sementes provenientes de fora da região, cujo preço é muito elevado, pelo que, na maior parte dos casos, apenas se pratica a sementeira de precisão. Em qualquer caso, o campo deve ser semeado em 1-2 dias.

A profundidade de sementeira é de 2,5-3 cm. A beterraba não tolera uma sementeira profunda, pois o peso das sementes é de 4 g (sendo o peso de 1000 frutos de 15 g) e a reserva de nutrientes nas sementes é 10 vezes inferior à do trigo. O rebento traz as vagens das sementes para a superfície e não está protegido pelo coliótilo, como acontece nas culturas cerealíferas. Por conseguinte, a beterraba deve ser semeada a pouca profundidade, mas numa camada de solo húmido, numa cama densa. A velocidade de sementeira deve ser de 4,5-5 km/hora. O solo seco deve ser revolvido antes e depois da sementeira.

Os semeadores pneumáticos, tanto estrangeiros (OPTIMA) como nacionais (STV-12), bem como os semeadores mecânicos SST-12B, quando equipados com discos de sementeira melhorados, permitem uma sementeira precisa. A importância da precisão da sementeira aumenta nas tecnologias intensivas.

A semente é de grande importância. Os híbridos são a base das tecnologias intensivas. Os híbridos estrangeiros ultrapassam os híbridos nacionais em termos de rendimento, em regra, em 2025%. As suas vantagens residem, nomeadamente, num melhor tratamento das sementes, como a draga de alta qualidade. A dragagem consiste em dar às sementes uma forma esférica, aplicando à sua superfície uma mistura que inclui um agente de tratamento, turfa empoeirada, fertilizantes orgânicos e minerais, estimulantes de crescimento, microelementos e adesivos. As sementes são também moídas, ou seja, o revestimento do fruto é parcialmente removido, após o que as sementes se tornam mais friáveis. Estão igualmente disponíveis sementes inoculadas tratadas com um agente de preparação em combinação com um adesivo. A preparação das sementes é efectuada em fábricas de sementes.

As sementes dragadas devem ser semeadas numa camada de solo bem humedecida. Em condições de falta de humidade, não mais de 30% da área semeada pode ser semeada com sementes drenadas.

Há provas de que os híbridos estrangeiros são mais susceptíveis às doenças, tanto durante o período de crescimento como durante o armazenamento antes da transformação, uma vez que as tecnologias europeias permitem um maior controlo das doenças por métodos químicos e que as beterrabas destinadas à transformação são rapidamente transformadas. O custo das sementes importadas é uma ordem de grandeza superior ao das sementes nacionais, e os elevados ganhos adicionais esperados só podem ser obtidos em condições próximas das óptimas.

Se a escolha recair sobre os híbridos nacionais, é indubitável que se deve dar preferência aos lançados, uma vez que estes provaram a sua elevada produtividade nas condições do Altai Krai. Em condições de tecnologia extensiva, concebida para rendimentos mais baixos, aumenta a importância das variedades-populações ou variedades híbridas como mais plásticas, fáceis de semear e menos dispendiosas.

As modernas tecnologias de sementeira intensiva de precisão não requerem lavoura pré-emergente e pós-emergente para evitar o desbaste da beterraba, mas são utilizados herbicidas para suprimir as ervas daninhas. São utilizados herbicidas de solo e vegetativos ou combinações de ambos. Em condições de humidade instável e insuficiente, a aplicação de herbicidas durante a cultura pré-sementeira, a uma profundidade de 3-5 cm na camada de solo onde se encontra a principal massa de ervas daninhas, tem um efeito mais eficaz. Para a aplicação, utiliza-se um pulverizador de barra, agregado a um cultivador USMK-5,4 com rolos de anel-esponja.

De acordo com muitas experiências, o rendimento relativo aumenta até 120-130% com a utilização eficaz de herbicidas. O ganho de rendimento de 30 a 45 kg/ha tem um valor próximo do custo da defesa química.

Para as explorações agrícolas que não podem pagar a utilização de herbicidas dispendiosos durante a estação de crescimento, é possível aplicar tecnologias que proporcionam um maior controlo das ervas daninhas através de métodos mecânicos: lavoura mais intensiva antes da sementeira, gradagem pré e pós-emergência, cultivo entre linhas até as folhas se fecharem na entrelinha (este último é feito com a beterraba empoleirada nas linhas), ceifa das ervas daninhas à altura das plantas de beterraba. O desbaste das plantas é evitado através de uma taxa de sementeira mais elevada, e a gradagem é utilizada como um dos métodos para formar uma densidade óptima de plantas.

Quando o solo superficial está seco, os rolos são rolados a uma velocidade de 6-7 km/hora.

No 4°-5° dia após a sementeira, é efectuado o afrouxamento pré-emergente do solo para destruir a crosta do solo a uma profundidade de 2/3 da profundidade da sementeira. Isto pode ser feito com grades de sementeira ligeiras (ZBP-0,6) ao longo da sementeira ou com cultivadores USMK-5,4 com ou sem corpos de trabalho rotativos e corpos de barra, ao longo das linhas de acordo com o marcador de trajeto do trator. Se os rebentos de beterraba atingirem 0,5 cm, é perigoso efetuar a gradagem pré-emergente.

Na emergência dos rebentos de beterraba, a beterraba é realizada em esferas - afrouxamento superficial do solo nas entrelinhas a uma profundidade de 3-4 cm, utilizando USMK-5,4 com lâminas de ploskreskozuyuschie e baterias rotativas, bem como discos de proteção em cada lado da linha para proteger as plântulas de serem cobertas.

Após o primeiro cultivo entre fileiras em 3-4 dias (quando a beterraba tem o segundo par de folhas verdadeiras) e a presença de mais de 6-7 plantas em 1 m de fileira, a gradagem das plântulas com grades ZBP-0.6 ou rayboronki ZOR-07 a uma velocidade de 3-4 km/hora, o que melhorará a aeração do solo e destruirá as ervas daninhas na zona da fileira. É preferível fazê-lo durante o dia, uma vez que a beterraba é fortemente danificada quando o turgor é elevado.

A cultura seguinte entre fileiras, aos 2-3 pares de folhas verdadeiras de beterraba, é efectuada sem discos protectores, utilizando as mesmas ferramentas de afrouxamento que para o enfardamento. A profundidade de afrouxamento com um cinzel no centro do espaçamento entre linhas é de 7-8 cm. Para cobrir as ervas daninhas nas fileiras, utilizam-se ferramentas de perfuração com uma profundidade de afrouxamento de 4-6 cm. As ervas daninhas nas linhas são cobertas com uma camada de solo de 1 cm, exceto nos pontos de crescimento das plantas de beterraba. Antes de fechar as fileiras, a cultura entre fileiras é igualmente efectuada com uma sementeira. O cultivo é utilizado como método adicional de controlo das ervas daninhas na zona de proteção, onde o cultivador não solta o solo. Além disso, a cobertura das plantas de beterraba contribui para o seu desenvolvimento mais uniforme e, por conseguinte, para uma melhor colheita, uma vez que reduz os danos causados às culturas de raízes e o entupimento da pilha com terra durante a escavação, proporcionando um funcionamento mais estável

dos dispositivos automáticos de condução das linhas.
Os parasitas mais comuns da beterraba sacarina são os vermes, as pulgas da beterraba e o gorgulho cinzento da beterraba.
Os bichos-da-farinha acumulam-se nos campos de rotação de culturas, especialmente se houver ervas daninhas, pelo que é necessário limpar os campos de ervas daninhas. Os vermes (larvas de escaravelhos) danificam as sementes de beterraba sacarina, as suas plântulas e plantas, especialmente no período inicial de desenvolvimento.
O escaravelho da beterraba causa danos durante o período de emergência das plântulas até à fase de dois pares de folhas verdadeiras. Em tempo quente e seco durante a fase de bifurcação, se as sementes de beterraba não forem tratadas, a pulga da beterraba pode destruir completamente as plântulas de beterraba num dia ou dois.
O gorgulho cinzento da beterraba, tal como a lagarta-do-cartucho, acumula-se nos campos, especialmente onde existe um grande número de ervas daninhas perenes. Os escaravelhos danificam as vagens e as folhas jovens.
O problema do controlo da lagarta-do-cartucho, da pulga da beterraba e do gorgulho cinzento é resolvido tratando as sementes na fábrica de sementes com agentes sistémicos de tratamento de sementes, que são eficazes não só contra as doenças mas também contra as pragas. Se as sementes não forem tratadas, é necessário preparar antecipadamente a proteção das plântulas de beterraba contra as pragas, utilizando insecticidas.
A beterraba sacarina é afetada por doenças, das quais a mais comum é o bicho-da-raiz. Afecta as plântulas até à fase de dois ou três pares de folhas. A doença aumenta acentuadamente se tiverem caído chuvas fortes após a sementeira, antes da germinação e se se tiver formado uma crosta no solo, bem como se a beterraba não estiver corretamente posicionada na rotação de culturas e se houver falta de nutrientes. Durante o primeiro período de danos nas raízes da beterraba (especialmente em dias nublados), quando se inspecciona a parte acima do solo das plantas, a incidência da doença não é percetível, mas quando ocorrem dias quentes e secos, a morte das plântulas atinge 30-40%.
Medidas de luta contra a doença das galhas. A beterraba, na rotação de culturas, não deve ser cultivada antes de 4-5 anos; os fertilizantes orgânicos devem ser aplicados à beterraba em combinação com fertilizantes minerais na proporção óptima de elementos nutritivos; a sementeira deve ser efectuada à profundidade óptima, a uma temperatura média diária do ar de 13-16^{0}C; deve ser assegurado um bom arejamento do solo desde a sementeira até aos 3 pares de folhas verdadeiras, através de um afrouxamento antes e depois da sementeira; a sementeira deve ser efectuada com sementes de qualidade, proporcionar

um bom arejamento do solo desde a sementeira até aos 3 pares de folhas verdadeiras através do afrouxamento pré e pós-emergência e pós-emergência, sementeira com sementes de qualidade com germinação não inferior a 85-90%, tratadas com agentes de tratamento sistémico altamente eficazes.

Colheita. O período ideal de colheita no Território de Altai é de 15 de setembro a 10 de outubro, uma vez que a colheita mais cedo leva a uma falta de açúcar nas raízes e a colheita depois de 10 de outubro provoca o risco de deixar a cultura no campo sem ser digerida.

Antes de cavar, o lanço é ceifado com uma ceifeira de lanço BM-6. Os custos de colheita representam cerca de 40% dos custos totais da cultura. As perdas de rendimento atingem 30-40% devido a equipamento de colheita imperfeito e tecnologia inadequada. Nomeadamente, quando se procede à colheita a lanço, a barra de corte é regulada para uma determinada altura de corte. Com uma colocação desigual na linha, as plantas de beterraba formam culturas de raízes de diferentes tamanhos. No estado esparso, as raízes maiores sobressaem mais acima da superfície do solo, enquanto as raízes mais pequenas estão mais profundamente enterradas no solo. Por conseguinte, é inevitável que uma certa proporção das raízes maiores se perca aquando do corte raso do lanço. Em todo o caso, é necessário procurar uma distribuição homogénea das plantas na linha.

De acordo com os dados do VNIISS, a aplicação de uma tecnologia de colheita melhorada, quando a BM-6B a uma altura de corte elevada remove o lanço, mas ao mesmo tempo trabalha com o OGD-6A, permite reduzir as perdas ao mínimo com uma remoção de lanço de qualidade em comparação com a colheita de lanço BM-6B a uma altura de corte média sem OGD-6A.

Métodos de colheita. O método de fluxo é utilizado em solos mais leves e mais secos, quando a contaminação total das culturas de raízes não é superior a 10%, incluindo o transporte não é superior a 3%, bem como quando há transporte suficiente na exploração e quando é transportado a uma distância não superior a 15 km. Durante a colheita em linha, as culturas de raízes são escavadas por ceifeiras-debulhadoras KS 6, RKS 6, "Hol-mer", carregadas e transportadas para a estação de colheita de beterraba.

Em caso de maior contaminação em solos mais pesados e húmidos, é utilizado o método de transbordo, em que as raízes escavadas são descarregadas em kagats na extremidade do campo (na área previamente preparada e limpa), se necessário, limpas do transportador, carregadas para o transporte com a ajuda do carregador de beterraba SPS-4,2 e levadas para o ponto de beterraba. A necessidade de transporte é reduzida em 50-60%, com carga e descarga duplas. O método de transbordo da colheita consiste no facto de, juntamente com o transporte da ceifeira, uma parte das culturas de raízes ser descarregada em gaiolas.

As condições e modos óptimos de colheita de beterraba são possíveis com carga sazonal em máquinas nacionais BM-6, KS-6, RKM-6 de 80-100 ha, e em ceifeiras importadas que combinam a colheita de haulm e a escavação de raízes simultaneamente - HOLMER, KLAINE, VKM-9000 - até 500-600 ha.

Requisitos para a qualidade da colheita: o corte do lanço deve ser efectuado sem lascar as cabeças e deixar nele não mais de 3% de pecíolos, resíduos de massa açucarada - não mais de 5%, o número de raízes arrancadas do solo - não mais de 0,5, a perda de raízes e suas partes no solo - não mais de 3, a contaminação total - não mais de 10, incluindo o lanço - não mais de 3%.

Requisitos aplicáveis às culturas de raízes entregues na fábrica de açúcar: massa verde - não mais de 3%, número de culturas de raízes danificadas (perda de mais de 30% do volume) - não mais de 12, culturas de raízes em flor - não mais de 1, murchas - não mais de 5%.

As beterrabas congeladas ou de qualidade inferior, por qualquer das razões acima referidas, são aceites como beterrabas de qualidade inferior, com um desconto de 20% no preço. É pago um prémio por cada percentagem de teor de açúcar superior ao teor de açúcar de base. O teor de açúcar de base é o teor médio de açúcar na zona durante os últimos 5 anos.

Peculiaridades da cultura de raízes forrageiras. Recomenda-se que as culturas de raízes forrageiras sejam colocadas em rotações agrícolas ou forrageiras, a fim de não transportar a cultura e os fertilizantes orgânicos a longas distâncias. Não devem ser colocadas depois de culturas afins, por exemplo, rutabaga e nabos depois de mostarda e colza. Os antecessores ideais são os cereais de inverno, as gramíneas forrageiras anuais (misturas de ervilha e aveia) e o meliloto. A tecnologia de cultivo é semelhante à da beterraba sacarina. Podem observar-se as seguintes caraterísticas: as culturas de raízes forrageiras são semeadas em épocas precoces, as cenouras podem ser semeadas em épocas de inverno, os nabos - entre o fim de maio e meados de junho, ou seja, em épocas de verão, uma vez que as épocas precoces tornam as culturas de raízes de nabo menos armazenadas. Para a sementeira, podem ser utilizados semeadores de legumes SON-4,2, SON-2,8. O método de sementeira é a sementeira em linhas largas - 45 ou 60 cm, as cenouras podem ser semeadas em fita. A profundidade de sementeira é de 1,5-2,5 cm. Taxa de sementeira: cenouras - 1,5 milhões/ha - quando semeadas em linha larga, 2-3 milhões/ha (4-5 kg/ha) - quando semeadas em fita, nabos e rutabagas - 0,5-0,8 milhões/ha (1,52,5 kg/ha). Para uma sementeira mais uniforme de culturas de pequenas sementes, utilizar a sementeira juntamente com lastro, por exemplo, com superfosfato, peneirado através de um crivo com orifícios de 2-4 mm, com um consumo de 20-25 kg/ha. Densidade recomendada na cultura: beterraba forrageira - 65-80 mil/ha, rutabaga - 50-90, nabos - 80100, cenouras - 300-350 mil/ha. Antes da colheita, o lanço é ceifado com BM-6, KIR-1.5. O lanço pode ser utilizado para alimentar os animais, para silagem ou para fazer farinha de erva. Para desenterrar as culturas de raízes, utilizar escavadoras de batatas UKV-2, convertidas ceifeiras-debulhadoras de batata KKU-2A, escavadora de raízes forrageiras KKG-1.4. É preferível efetuar a colheita num método de fluxo e levá-la imediatamente para o local de armazenamento. As culturas de raízes forrageiras são armazenadas em instalações de armazenamento normais, em trincheiras de betão, em pilhas cobertas com terra e palha. Temperatura de armazenagem +1...+2^{0}C, humidade relativa do ar 85-95%. Os nabos são armazenados um pouco pior do que as rutabagas, pois são alimentados primeiro.

10.5. Cultura da beterraba-mãe e da beterraba-semente

As culturas de raízes cultivadas no primeiro ano de vida e armazenadas para a produção de sementes no ano seguinte são designadas por beterrabas-mãe. A beterraba-mãe é semeada com sementes de elite cultivadas em explorações de sementes de elite. As sementes de elite são entregues a explorações de sementes, onde a beterraba-mãe é cultivada no primeiro ano e, no segundo ano, são plantadas raízes-mãe, obtendo-se uma colheita de sementes da primeira reprodução. Estas sementes são semeadas em explorações de beterraba sacarina, onde é colhida uma colheita de beterraba para transformação nas fábricas de açúcar.

Peculiaridades da cultura da beterraba-mãe. A sementeira é efectuada nos mesmos locais que no caso da beterraba industrial, mas com um isolamento espacial de pelo menos 1 km da plantação e dos campos de beterraba do ano anterior, para evitar infecções. A beterraba baby é semeada um pouco mais tarde do que a beterraba industrial (final de maio - início de junho), cultivada a uma densidade mais elevada: 160-180 mil/ha em zonas com humidade suficiente, 120-140 mil/ha - em zonas com humidade insuficiente, deixando 10 plantas por 1 m de linha. Nestas condições, as plantas formam uma pequena cultura de raízes (150-300 g), adequada para a plantação mecanizada. Aumenta o rendimento das plantas-mãe a partir de 1 hectare. As raízes mais pequenas são melhor armazenadas devido à formação de pequenas estruturas celulares de tipo xerofítico, e também têm maior produção de sementes no ano seguinte.

Não permitir que as culturas de raízes congelem ou sequem durante a

colheita. As raízes congeladas apodrecem durante a armazenagem e as raízes murchas dão origem a um grande número de "teimosas" - plantas que não florescem - no ano seguinte. Em Altai, a colheita das plantas-mãe deve ser efectuada de 25 de setembro a 1 de outubro, quando a temperatura média diária do ar desce para
+6...+80C, mas ainda não há geadas. Isto reduz a respiração das plantas e o risco de doenças, uma vez que a atividade microbiológica é reduzida. Antes da colheita, as plantas doentes com sinais de peronosporose, podridão, mosaico, míldio da flor e beterraba forrageira devem ser removidas. O corte do haulm (BM-6) é efectuado deixando os pecíolos a uma altura de 3-4 cm, de modo a não danificar os botões de renovação na cabeça. As raízes-mãe são armazenadas em armazéns ou gaiolas a uma temperatura de +2...+30C. Na primavera, selecionam-se as raízes sãs com um diâmetro de 5-10 cm e em forma de cone.

Cultivo das plantações. A beterraba do segundo ano de vida é mais exigente em termos de água, pois tem um sistema radicular mais fraco e um coeficiente de transpiração elevado (K_{tr} = 725), pelo que as plantações são efectuadas apenas aos pares. A data de plantação é a mais precoce - no início de maio. Antes da plantação, efetuar o cultivo a uma profundidade de 16-18 cm. Utilizar para a plantação a máquina de plantar VPU-4 ou VPS-2,8. Esquema de plantação - 70x70 cm com uma densidade de 20,4 mil/ha. É possível para culturas de raízes mais pequenas o esquema 70x35 cm. A cabeça na plantação deve ser submersa a uma profundidade de 2-3 cm, e o solo deve rodear firmemente a cultura de raízes. Quando aparecem 30% dos rebentos, procede-se à gradagem e, durante a vegetação, a pelo menos 3 culturas entre fileiras.

Isolamento entre plantações de variedades diferentes - 1 km, diploides e tetraploides - 3, mono-semeadura e multissemeadura - 5, entre subespécies diferentes - 10 km.

Técnicas especiais de tratamento das plantas: corte do rebento central para formar uma planta com vários caules, pinça de vagem - remoção dos topos dos rebentos floridos no início da floração em 2-3 cm para que as plantas não cresçam, polinização adicional com uma corda - 3 vezes em 5 dias.

A colheita das plântulas é iniciada quando 30-40% dos frutos das plantas se tornam castanhos e as sementes estão pulverulentas na rutura. As ceifeiras-debulhadoras com ceifeiras ZhBA-3,5, ZhRS-4,9 cortam 5-7 linhas numa faixa. Após o amadurecimento, são utilizadas para a debulha ceifeiras-debulhadoras equipadas com colhedores de pranchas PTP-2,4B, PPT-3,0A, PTP-3,0. Imediatamente após a colheita, é obrigatório limpar as sementes no OVP-20A, depois na colina da beterraba ou no SM-4, ZAV-20. As sementes são armazenadas a uma humidade não superior a 15%.

A produção de sementes de beterraba sacarina *sem plantas* consiste no facto de, em zonas de clima ameno (Stavropol, Território de Krasnodar, Quirguizistão), a beterraba sacarina não ser desenterrada, invernar no campo e, no ano seguinte, crescer e dar uma colheita de sementes. Para uma melhor hibernação, as plantas são cobertas de terra com uma camada de 10-15 cm, empoleirando-se. Na primavera, as plantas são desenganchadas e é efectuada a cultura entre fileiras. O rendimento das sementes é um pouco menor, mas o custo de produção e a mão de obra são 2-3 vezes inferiores.

11. CARTOFEL

11.1. Importância, rendimento, distribuição

A batata é uma importante cultura alimentar. Os tubérculos de batata contêm 25% de matéria seca, incluindo amido - 14-22, proteína - 1,4-3, fibra - 1, gordura - 0,2-0,3, cinzas - 1%, vitaminas C, B1, B2, Bb, PP, carotenóides. As batatas são utilizadas para produzir amido, melaço, álcool, glucose, borracha e outros produtos. De uma tonelada de tubérculos obtêm-se 112 litros de álcool. As batatas são utilizadas como forragem para o gado. A digestibilidade dos tubérculos é de 83-97%. 100 kg de tubérculos crus contêm 29,5 k.e., silagem de lanço - 8,5, barba fresca - 4, polpa fresca - 13 k.e.. A barba é um produto residual da indústria do álcool, a polpa é um produto residual da produção de amido. A casca dos tubérculos esverdeados contém os alcalóides solanina e chaconina, que se decompõem durante a cozedura.

A importância agronómica da batata reside no facto de ser um bom precursor do trigo e das leguminosas, uma vez que deixa os campos livres de ervas daninhas. As variedades precoces de batata podem ser utilizadas como cultura de segurança e de ocupação de vapores.

A batata é uma planta muito plástica, amplamente distribuída por todo o mundo e cobre uma área de cerca de 18 milhões de hectares, com uma produção bruta de 265 milhões de toneladas e um rendimento de 14,6 toneladas/ha. Na Rússia, a área cultivada com batata é de cerca de 3,3 milhões de hectares, principalmente nas zonas central e central, na região do Volga, na Bashkiria, nos Urais, na Sibéria e no Extremo Oriente. A quota do sector público na produção de batata no nosso país diminuiu para 10%, sendo o restante obtido no sector privado. O rendimento médio no país é de 10-11 toneladas/ha, embora nalgumas explorações com tecnologia intensiva atinja 25-30 toneladas/ha, incluindo na estação de legumes e batata da Sibéria Ocidental. Nos países europeus, o rendimento é de 30 toneladas/ha ou superior.

11.2. Caraterísticas botânicas das batatas

As batatas pertencem ao género Solanum da família Solanaceae. A batata cultivada é a Solanum tuberosum. Na América Central e do Sul, as espécies silvestres Solanum demissum, S. Andigenum também se encontram disseminadas, sendo utilizadas para o cultivo de batatas

na criação como resistente a doenças e pragas. A batata é uma planta herbácea perene, mas na cultura é utilizada como planta anual. O principal método de reprodução da batata é vegetativo, por meio de tubérculos. Um tubérculo é a extremidade espessada de um rebento subterrâneo do caule (estolho). O sistema radicular da batata cultivada a partir de um tubérculo é do tipo lóbulo, mas quando se cultiva a partir de semente, forma-se primeiro um rebento com dois seedpods e uma

raiz embrionária do caule, surgindo depois raízes adventícias na parte subterrânea do caule e nos estolhos, tal como acontece quando se cultiva a partir de tubérculos. As raízes da batata penetram superficialmente, localizando-se principalmente no horizonte arável, e apenas algumas vão até uma profundidade de 1 -1,5 m e para o lado durante 0,5 m. O sistema radicular da batata tem uma capacidade de absorção bastante elevada, especialmente em relação ao fósforo, mas supera fracamente a resistência mecânica do solo.
O tubérculo tem olhos em espiral, cada um contendo até três gomos. Por cima do olho há uma pequena escama (uma folha reduzida modificada) que, depois de encolher e cair, deixa uma pequena cicatriz. Há mais olhos na parte superior do tubérculo e menos na base, onde há uma depressão do estolho. Os tubérculos podem ser de diferentes formas (arredondados, alongados, ovais), de cor branca, amarela ou azul. As variedades de carne amarela são mais ricas em caroteno. Os tubérculos maduros são cobertos por uma pele de tecido de cortiça, que os protege da secura e das doenças. Os tubérculos coloridos são cor-de-rosa, vermelho-claro, azul-claro, etc. A cor do tubérculo coincide com a cor dos rebentos e das flores.
Quando um tubérculo é plantado, os rebentos formam-se a partir dos botões, formando-se raízes e estolhos nos nós subterrâneos. Uma planta produz até 6-8 caules e estolhos subterrâneos, cada um dos quais pode ramificar-se. Os estolhos crescem até 25-30 cm de comprimento, engrossando depois nas extremidades para formar novos tubérculos.
A folha da batateira é composta, de secção interrompida-parietal-peristocrática, constituída por lóbulos, lóbulos e lóbulos, fracamente, moderadamente e fortemente dissecada, pubescente.
A inflorescência é constituída por 2-4 espirais num pedúnculo longo. A flor tem 5 (menos frequentemente 6) pétalas, parcialmente fundidas, brancas ou coloridas (cor-de-rosa, vermelho-violeta, azul-violeta), 5 estames e um pistilo. As anteras podem ser amarelas, cor de laranja ou verdes. A batata é autopolinizadora. A esterilidade masculina é frequentemente generalizada devido à esterilidade do pólen, pelo que muitas vezes não produz frutos ou sementes, mas isto não afecta a produção de tubérculos. O fruto da batata é uma baga suculenta com dois ninhos. O peso de 1000 sementes é de 0,5 g.

11.3. Caracterização biológica

A batata é uma planta que gosta bastante de calor. Nos tubérculos maduros, os botões começam a crescer a +3...+5oC sem formação de raízes, e com formação de raízes - a 17...112$^{(0}$)C. A temperatura ideal para o período de brotação é +15^{0}C, então os brotos aparecem em 15 dias, a baixas temperaturas - em 20-25 dias. Uma temperatura de cerca

de $+20^0C$ no solo é óptima para o crescimento do haulm e formação de tubérculos. Temperaturas elevadas acima de $+25^0C$ provocam um aumento da ramificação dos estolhos em detrimento da formação de tacos, e $+30^0C$ e acima - paralisa a assimilação e o crescimento.
O congelamento a -2^0C (5-6 horas) provoca a morte das plantas jovens e o enegrecimento do hilo. A uma temperatura de 0...+10C nos tubérculos, o amido transforma-se em açúcar, os tubérculos tornam-se doces, mas se não forem congelados, podem ser mantidos durante 5-10 dias à temperatura ambiente, o sabor doce desaparece, uma vez que a sacarose é gasta numa respiração mais intensa dos tubérculos a alta temperatura. Os tubérculos que saem do solo a $-1,2^0C$ congelam porque são 75% água. Os tubérculos congelados apodrecem durante o armazenamento.
O período vegetativo das batatas é de 60 a 180 dias, sendo a soma das temperaturas activas para o período vegetativo, dependendo da variedade, de $1000\text{-}1600^0C$.
A batata é uma planta que gosta de humidade, pois tem um sistema radicular fraco. A parte produtiva (tubérculos) é constituída por 75% de água, por isso, se houver falta de humidade durante o período de formação dos tubérculos, o rendimento é muito reduzido. Durante o período de germinação - brotamento, a planta retira água do tubérculo-mãe. O período crítico em relação à humidade é a brotação - formação de tubérculos, porque a partir da fase de brotação nas extremidades dos estolhos começa a formação de tubérculos, e neste período o seu número é determinado. O teor ótimo de humidade é de 70-80% do NV. Durante o período de acumulação de amido, o teor de humidade ótimo é de 60% do NV. O coeficiente de transpiração pode ir de 160 a 650, o que indica a elevada plasticidade desta cultura. A batata pode absorver parcialmente a humidade da atmosfera através da superfície da folha.
A batata tem grandes necessidades de nutrição do ar, uma vez que consome muito oxigénio através do sistema radicular (até 1 mg por 1 g de matéria seca, o que é 5 vezes mais do que o girassol), pelo que o solo deve estar constantemente solto, caso contrário os tubérculos sufocam e apodrecem, como evidenciado pelo aparecimento de lentículas brancas soltas.
A batata é uma cultura de solos soltos, suficientemente férteis, com um teor de húmus de, pelo menos, 2%. Os mais adequados são os solos franco-arenosos e franco-argilosos com um peso volumétrico de 1-1,2 g/m^3. Nos solos arenosos ligeiros formam-se tubérculos com elevado sabor, mas as batatas sofrem mais com a falta de humidade e de potássio nesses solos. As turfeiras cultivadas são boas para as batatas, especialmente para as batatas de semente. As batatas podem ser cultivadas em solos arenosos e podzólicos fertilizados e em solos

florestais cinzentos a . Os solos pesados, argilosos e fortemente compactados, com lençóis freáticos próximos, não são adequados. Nestes solos, os tubérculos formam-se pequenos e deformados e, em vez de rebentos, podem formar-se tubérculos jovens. Os solos salinos não são adequados para as batatas, mas estas toleram bem os solos ligeiramente ácidos. O nível ótimo de pH é de 5-6.

A batata é uma planta de dia curto por origem, mas em condições de latitude média tolera bem um dia longo. Ao deslocar-se para sul, em condições de dias curtos, acelera o seu desenvolvimento, encurta o período de crescimento, incluindo a duração da formação e do crescimento dos tubérculos, pelo que a produção de tubérculos no sul tende a ser reduzida. Trata-se de uma cultura que adora a luz e, em caso de falta de luz, os caules alongam-se, as folhas tornam-se amarelas, a floração não se verifica e os rendimentos diminuem. Se as linhas estiverem orientadas de sul para norte e tiverem boa luz, o rendimento é 20% superior.

No processo de crescimento e desenvolvimento da batata, são assinalados os seguintes períodos.

1. O período de dormência, que se divide em dormência natural, quando os tubérculos não brotam após a colheita, mesmo em condições óptimas, durante 2-3 meses, e dormência forçada, quando as batatas são armazenadas a temperaturas reduzidas de +2^{0}C para evitar a brotação. Os tubérculos podem ser retirados da dormência natural mantendo-os a 0^{0}C ^{durante} 2-3 dias. Isto pode ser útil na cultura de batata de dupla colheita nas zonas meridionais.

2. Período de estabelecimento dos rebentos (da plantação à germinação), quando se formam os rebentos, o sistema radicular e a parte subterrânea do caule. Pode durar até 20-25 dias, pelo que é importante cultivar às cegas durante este período.

3. Brotos - brotamento. Nesta altura, os estolhos crescem, a principal superfície de assimilação e as raízes são formadas.

4. Boutonização - floração. Os estolhos deixam de crescer em comprimento, engrossam nas extremidades, dá-se a formação de tubérculos, forma-se o número de tubérculos no ninho.

5. Crescimento dos tubérculos. Os produtos de assimilação entram nos tubérculos.

6. Murchamento do hilo, engrossamento dos tecidos de cobertura dos tubérculos, maturação fisiológica.

Os diferentes grupos de variedades distinguem-se pela duração do período vegetativo (quadro 33).

Quadro 33

Grupos de variedades de batata por maturidade

Grupos de variedades	Dias após a plantação	
	antes da formação de tubérculos comercializáveis	antes que o lombo comece a morrer
Os primeiros	55-65	80-90
Médio-precoce	65-80	100-115
Meio da maturação	80-100	115-125
Meio-tarde	100-110	125-140
Maturidade tardia	Mais de 110	Mais de 140

Nas explorações agrícolas é mais favorável ter 2-3 variedades de maturidade diferente, o que permitirá obter rendimentos mais estáveis em diferentes condições climatéricas em anos diferentes, uma vez que as variedades precoces utilizam mais eficazmente a precipitação em junho, as variedades de maturação intermédia - em julho, as variedades intermédias - em agosto. O mesmo permitirá realizar todos os trabalhos em condições óptimas e reduzir a necessidade de maquinaria e mão de obra. As variedades de maturação precoce podem ter um rendimento ligeiramente inferior e um teor de amido mais baixo (14%), mas produzem os produtos mais precoces e mais frescos em meados do verão. As variedades de maturação tardia com elevado teor de amido (20-22%) são utilizadas como variedades técnicas para transformação. As variedades de mesa têm um teor de amido de 14-19%. O teor de amido diminui ligeiramente (de 1 a 2%) com o aumento das doses de fertilizantes e de irrigação.

11.4. Tecnologia de cultivo de batata alimentar

Colocar na rotação de culturas. Com uma boa mobilização do solo e aplicação de fertilizantes, a batata tolera bem as plantações repetidas. O seu peso específico na rotação de culturas pode ser de 25 a 50%. Numa rotação de culturas com plantações repetidas para fins fitossanitários, é necessário prever a utilização de culturas intercalares, culturas secundárias, gramíneas perenes e fertilizantes orgânicos. Por exemplo, a rotação de culturas pode ser a seguinte 1) batata primor em pousio; 2) centeio de inverno; 3) batata; 4) aveia +
\+ trevo; 5) trevo; 6) batata; 7) batata; 8) ervilhaca. Os melhores precursores da batata são os cereais de inverno e de primavera, as leguminosas, a rotação de gramíneas perenes e o pousio. Nas rotações de legumes, as batatas não devem ser colocadas a seguir às plantas de cortiça (tomate, pimento, beringela). As batatas primor podem ser utilizadas em pousios ocupados ou em culturas após o centeio de inverno para massa verde. A cultura de compactação é relevante em explorações agrícolas suburbanas onde há pouca terra arável.

Nutriç^{a}o mineral e fertilizaç^{a}o da batata. Devido à fertilidade natural do solo, pode-se esperar um rendimento de 815 toneladas/ha. Com 1 tonelada de tubérculos e a quantidade correspondente de batata a granel, a batata retira N 5-6 kg, P2O5 - 1,5-2, K2O - 7-10 kg, o que é muito mais do que os cereais. A produção de potássio é 4 vezes superior à do trigo. A batata é considerada uma cultura que gosta de potássio. O potássio aumenta a resistência às doenças, melhora a capacidade de armazenamento dos tubérculos, o metabolismo das proteínas e dos hidratos de carbono, a formação de tubérculos, aumenta o amido juntamente com o fósforo. O azoto e o fósforo não são menos importantes, pois a sua falta reduz a produtividade da fotossíntese e atrasa o desenvolvimento das plantas.

Os fertilizantes orgânicos são de grande importância para as batatas. A taxa de aplicação de fertilizantes orgânicos é de 20-40 t/ha, e em solos pobres - até 40-60 t/ha. 1 tonelada de fertilizante orgânico dá um aumento de rendimento de 0,2 toneladas/ha. Os compostos de turfa e estrume são muito eficazes: 20 t de estrume + 20 t de turfa + 10 t de relva + 5-6 t de fertilizante de potássio ou cinzas de madeira.

Se a matéria orgânica for aplicada sob o antecessor, apenas os fertilizantes minerais são aplicados às batatas. As taxas de aplicação possíveis nos chernozems são N45-60P60-90K30-45. Em diferentes solos, em diferentes condições, as normas de aplicação de fertilizantes são especificadas. É preferível aplicar às batatas adubos de potássio sem cloro, uma vez que o cloro deteriora as qualidades gustativas e reduz o teor de amido, ou aplicar KC1 a partir do outono.

Os microfertilizantes cobre, boro, molibdénio e zinco aumentam a resistência às doenças, o teor de amido e reduzem o teor de nitratos nos tubérculos. Antes da plantação, os tubérculos são tratados com uma solução a 0,05% de sais apropriados ou pulverizados com as mesmas soluções na fase de brotamento.

Lavoura. A batata reage muito bem à lavoura de aiveca profunda. Após a colheita, procede-se ao descasque do restolho antecessor e, 2-3 semanas mais tarde, à lavoura de aiveca até à profundidade do horizonte arável. Nas zonas propensas à erosão, procede-se ao plantio direto. Na primavera - RWB em 2 traços, antes da plantação - cultivo a uma profundidade de 12-14 cm. Este complexo é utilizado em solos leves. Em solos mais pesados, na primavera, a lavoura é efectuada a uma profundidade de 22-27 cm, com charruas sem aivecas, mas com escumadeiras colocadas a 12-14 cm, ou com taludes SibIME com gradagem. Isto garante o afrouxamento do horizonte arável sem a extração de blocos e torrões de terra. A utilização de uma fresa de charrua para a lavoura de primavera da batata é prometedora, uma vez que permite esmigalhar muito bem o solo e misturá-lo com fertilizantes, o que é especialmente eficaz em solos pesados.

Preparação dos tubérculos para a plantação. Triagem ou calibragem dos tubérculos em fracções: 25-50 g, 50-80, 80 g e mais, com a ajuda da KSP-25 (estação de seleção de batatas). A fração de 50-80 g é utilizada para a plantação. Se houver falta de material de plantação, os tubérculos grandes são cortados ao longo do tubérculo, de modo a que cada metade tenha 2-3 olhos. Os tubérculos cortados perdem a sua proteção sob a forma de tecido de cortiça, pelo que é preferível murchá-los e tratá-los com pesticidas. A utilização de tubérculos grandes para a plantação pode aumentar os rendimentos, uma vez que têm mais gomos e dão rebentos mais cedo, mas tal não justifica o elevado custo do material de plantação. Além disso, os tubérculos grandes são mal armazenados.

10-12 dias antes da plantação, os tubérculos são colhidos e removidos os doentes.

A germinação de batatas antes da plantação durante 20-30 dias a uma temperatura de 12-15^{0}C à luz é muito eficaz. No escuro, as batatas germinam brotos etiolados, longos e finos, que se quebram quando plantadas. À luz, as batatas formam rebentos curtos mas fortes e espessos, que não devem ter mais de 1 cm. As batatas germinadas permitem um desenvolvimento mais rápido, o que é especialmente importante para as batatas precoces e em zonas com um período de crescimento curto. O aumento de rendimento da plantação de batatas germinadas é de 7 a 10 toneladas/ha. Também é eficaz a desidratação durante 6 dias a +25^{0}C ou 2-3 horas a +35-40^{0}C. Isto acelera a atividade enzimática e o esverdeamento parcial dos tubérculos.

Para proteção contra doenças, os tubérculos são tratados com, por exemplo, Maxim KE, 0,2-0,4 litros/tubérculo. É possível combinar o tratamento com microelementos. Também se utiliza a imersão dos tubérculos numa solução de adubos minerais ou húmicos.

Plantação. As batatas podem ser plantadas quando o solo a uma profundidade de 10 cm aquece até +70C. Em Altai, isto é em meados de maio. A plantação mais cedo (a +5^{0}C) é possível para as variedades de maturação precoce e mais resistentes ao frio, bem como para a plantação de tubérculos germinados. A ordem de plantaç^{a}o das variedades de maturaç^{a}o diferente deve ser a seguinte: plantar primeiro as batatas de maturaç^{a}o precoce para obter a produç^{a}o mais cedo possível, depois as variedades de maturaç^{a}o tardia e mØdia.

A profundidade de plantação das batatas é de 6 a 15 cm. Recomenda-se uma profundidade de plantação mais rasa de 6-10 cm para as batatas precoces, para a plantação de tubérculos mais pequenos e para o cultivo em solos mais pesados. Em áreas com menos humidade e solos mais leves, as batatas respondem melhor a uma plantação mais profunda. As batatas devem ser plantadas mais profundamente para fins de semente, pois assim forma-se um ninho de tubérculos relativamente pequenos e

fisiologicamente mais jovens, o rendimento da fração de semente aumenta, o rendimento de plantas mais saudáveis e mais produtivas aumenta, pois os tubérculos doentes de uma maior profundidade não brotam.
As batatas são plantadas em linhas largas, com um espaçamento entre linhas de 70 cm e um espaçamento entre linhas de 25-35 cm. Existem diferentes métodos de plantação, que têm as suas vantagens em determinadas condições. A plantação lisa é recomendada quando há falta de humidade, na zona de estepe e em solos arenosos e franco-arenosos mais leves. A superfície arável mantém-se lisa até à colheita.
Em zonas mais seguras em termos de água na estepe florestal, em solos mais pesados, a plantação em cumeada é eficaz. O corte dos camalhões pode ser efectuado no outono, na primavera, antes da plantação, no tempo ou após a plantação, com cultivadores KRN-4.2 com dispositivos de empoleiramento. A vantagem do corte dos camalhões no outono é que, no inverno, sob a ação das geadas, os torrões de terra são destruídos, o solo nos camalhões aquece 7 a 10 dias mais cedo, sendo a temperatura do solo - 34^{0}C mais elevada do que numa superfície plana. Isto permite uma plantação mais precoce e uma utilização mais eficaz das reservas de humidade. Nos camalhões, a batata aumenta o volume da camada radicular, aumenta o arejamento, melhorando assim o regime de ar e de nutrientes, formam-se estolhos e tubérculos adicionais e o rendimento aumenta. Existe a possibilidade de uma aplicação mais eficaz de fertilizantes em banda. Durante a colheita, as perdas são reduzidas porque o solo está mais solto, a carga sobre os órgãos de escavação da máquina é reduzida e a produtividade é aumentada.
A plantação em cumeeira é também utilizada em zonas com excesso de humidade, como no Extremo Oriente.
As batatas são plantadas em canteiros com 35 cm de altura e 140 cm de largura na base. O padrão de plantação é de (110+30) x 30 cm. As batatas são dispostas em filas estreitas com uma distância de 30 cm entre elas. O excesso de humidade escorre para o fundo do canteiro e os tubérculos apodrecem menos. Esta plantação tem as mesmas vantagens que a plantação em linhas. Esta técnica de plantação é também conhecida como plantação em linhas de cintura, e produz maiores rendimentos não só em áreas com excesso de humidade, mas também em áreas onde as batatas são tradicionalmente cultivadas. O sistema radicular das plantas é menos danificado nos camalhões, uma vez que a compactação do solo pelas rodas do trator durante o cultivo entre linhas não atinge a zona de nidificação dos tubérculos. Durante a colheita, a quantidade de terra que chega ao tapete rolante da ceifeira-debulhadora proveniente dos camalhões é 30-40% menor do que na plantação em

camalhões.
Para a plantação, utilizar as plantadoras de batata SN-4B, KSM-4A, KSM-6A, L-201, L-202 para a plantação em camalhões, SKM-3A - para a plantação em camalhões, SAYA-4 - para a plantação com tubérculos germinados. A velocidade de plantação é de 4,5-6 km/hora.
Densidade de plantação - 55-60 mil/ha, em zonas menos saturadas de água - 45-50 mil/ha. As variedades precoces com um arbusto mais compacto são plantadas a uma densidade de 65-70 mil/ha. Em plantações densas, as batatas aceleram o seu desenvolvimento e aumentam o teor de amido, o que é importante para as batatas primor. A taxa de plantação de peso é de cerca de 3 toneladas/ha.
Os cuidados a ter com a plantação de batatas começam muito cedo. O período de pré-emergência é muito longo, brotam muitas ervas daninhas, que são destruídas pela gradagem de pré-emergência duas vezes com um intervalo de 5-7 dias. Quando a plantação em camalhões pode ser efectuada entre fileiras, mesmo antes da germinação, com os cultivadores KON-2,8, KRN-4,2 e, neste caso, na zona das fileiras, com grades de rede. Após a germinação, são efectuadas uma a três culturas entre fileiras, dependendo da densidade do solo e da presença de ervas daninhas. Recomenda-se manter a profundidade de cultivo em 10-12 cm - no primeiro tratamento, 6-8 cm - no segundo. A zona de proteção no tratamento entre fileiras aumenta de 10 cm de cada lado da fileira - no primeiro e até 15 cm - no segundo tratamento. A cultura entre fileiras é combinada com a sementeira (KPH-4,2 com semeadores). O efeito do empoleiramento é o mesmo que o da plantação em camalhões, pelo que quanto mais cedo se fizer o empoleiramento, mais eficaz é, mas ao mesmo tempo o solo deve ter humidade e nutrientes suficientes. Numa estepe seca, é melhor evitar o empoleiramento, uma vez que o afrouxamento provoca a perda de humidade.
Até 30% da produção de batata é perdida devido a doenças e pragas. Do escaravelho da batata do Colorado, recomenda-se pulverizar as plantas com soluções de Karate, Decis 0,2 l/ha 2-3 vezes, a primeira vez - no aparecimento em massa de larvas, a segunda - após 10-12 dias. As preparações biológicas para o controlo do escaravelho da batata do Colorado são utilizadas na produção biológica de culturas: Bitoxybacilin, Colorado, Bicol com base em VasP- lus thuringiensis.
As medidas de controlo do verme incluem o controlo das ervas daninhas, especialmente da erva de trigo, a lavoura de inverno e a aplicação de fertilizantes com amoníaco. As batatas cultivadas depois das ervilhas são menos afectadas pelos vermes. A mostarda e a colza, utilizadas como culturas intercalares, limpam o solo de nemátodos.
A Phytophthora é a mais perigosa das doenças da batata, especialmente

em zonas saturadas de água. Esta doença manifesta-se mais em caso de excesso de fertilizantes azotados e de falta de microelementos. Medidas de controlo: observância da rotação de culturas, tratamento do material de plantação com cuprozan, cineb (1,5 kg/t), ceifa do lanço antes da colheita, secagem e endurecimento ligeiro dos tubérculos antes da armazenagem, tratamento paisagístico, pulverização das plantas com preparações sistémicas a partir da fase de abrolhamento, pulverização das plantas com preparações de cobre (solução a 1% de sulfato de cobre ou líquido Bordeaux).
A sarna comum da batata é uma doença fúngica que afecta as batatas, especialmente em solos leves com tempo quente e seco. A mesma doença pode ser causada por estrume fresco e não coberto.
Doenças bacterianas - podridão anelar, perna preta, podridão húmida. Para a recuperação de agentes patogénicos de doenças bons antecessores - centeio de inverno, gramíneas perenes, tremoço alcaloide. A secagem, a colheita e o esverdeamento das batatas de semente são obrigatórios.
Doenças virais - mosaico, iterícia. Sinais - folhas murchas e amarelas. A gótica provoca folhas pequenas e estreitas com antocianina, tubérculos fusiformes, clorose, necrose, desfolha. Medidas de controlo: variedades resistentes, rotação de culturas, cultura de meristemas apicais no sistema de produção de sementes, sementeira de mostarda branca ao longo do perímetro do campo para controlar os vectores do vírus, fitolimpeza.
A colheita da batata representa até 60 por cento dos custos totais. As batatas estão fisiologicamente maduras quando o lanço está murcho, os tubérculos têm uma pele espessa e escamosa e os estolhos estão secos e facilmente separados dos tubérculos. 2-7 dias antes da colheita, cortar o lanço para secar as cristas, acelerar o amadurecimento, evitar infecções e melhorar a qualidade dos tubérculos. A dessecação 10 dias antes da colheita por pulverização com clorato de magnésio (25 kg/ha) é eficaz nas variedades doentes e de maturação tardia. O lanço é ceifado com KIR-1.5.
As batatas em solos leves e médios com humidade não superior a 25% são colhidas num método de fluxo por máquinas de colheita de batatas KKU-2A, KPK-3, E-686 e outras a uma velocidade de 3 km/hora. As batatas escavadas são imediatamente carregadas para o transporte.
A colheita separada é utilizada em solos húmidos médios e pesados. As batatas são escavadas com uma máquina de lavar VKV-2, capturando duas filas numa só passagem e colocando-as num leito de vento para secagem. Em caso de baixos rendimentos, as batatas de mais duas ou quatro filas são colocadas no mesmo leira na passagem seguinte da mesma máquina. Em seguida, a KKU-2 recolhe as batatas das faixas a maior velocidade.
A colheita combinada é utilizada em campos com baixos rendimentos e

reduz os custos de mão de obra em 30%. O windrower VKV-2 coloca os tubérculos entre duas linhas adjacentes não aradas. Em seguida, a ceifeira KKU-2A escava as linhas não lavradas, levantando simultaneamente as linhas lavradas.

Em campos com excesso de água, utilizar as escavadoras de batata KTN-1A, KR-1, KTN-2B, KST-1,4, L-652 com posterior colheita manual.

As perdas após a ceifa não devem ser superiores a 3% (excluindo os tubérculos com menos de 25 mm), o grau de limpeza não deve ser inferior a 80, os tubérculos danificados não devem ser superiores a 12%. Após a colheita, as batatas são selecionadas no KSP-50 e armazenadas. As batatas de semente, se as impurezas não forem superiores a 25%, é preferível armazenar sem triagem, para que haja menos danos nos tubérculos, que assim ficarão melhor armazenados. As batatas são armazenadas em armazéns especiais com ventilação ativa, com unidades de refrigeração ou em cachos com extração, em trincheiras. Modo de armazenamento: 1) período de tratamento 3-4 semanas a uma temperatura de +15 ... +160C, humidade relativa 90-95% para curar danos mecânicos, remover o excesso de humidade. Nos tubérculos, a casca engrossa, a respiração diminui; 2) período de arrefecimento 20-40 dias com uma diminuição da temperatura por dia de 0,50C para +2...+40C; 3) o período de armazenamento principal a uma temperatura de +1,5... .+20C para as variedades precoces e +2.+30C para as variedades de maturação tardia e humidade relativa de 85-90%. Na última década, a temperatura é reduzida para +1,5.+2^{0}C. 1014 dias antes da plantação ou venda, as batatas são aquecidas por ventilação com ar quente +15.+20^{0}C para melhorar os processos de crescimento das batatas de semente e eliminar o sabor doce das batatas de mercado.

11.5. Tecnologias de cultivo promissoras

Os principais métodos de cultivo da batata de acordo com a tecnologia tradicional Zavorovo (segundo o nome da OPF "Zavorovo" do distrito de Ramenskiy, região de Moscovo) foram descritos acima. Esta tecnologia prevê vários tratamentos durante a estação de crescimento, o que tem consequências indesejáveis: compactação do solo pelas rodas do trator, danos nas plantas pelo cultivador, destruição de camalhões, tubérculos que vêm à superfície e o seu esverdeamento, infeção de plantas saudáveis a partir de plantas doentes por phytophthora, extração de sementes de ervas daninhas para a superfície do solo e sua germinação no futuro. A chamada tecnologia neerlandesa é mais progressiva e evita estas desvantagens. Os elementos básicos são os seguintes 1) fresagem do solo durante a preparação do solo antes da plantação. O cultivador de fresagem com formador de cumeeira "Rumpstad", "Amak", análogos domésticos KVK-4, KFG-28 com corpos de trabalho activos, trabalhando a partir do trator PTO, esmaga mais profundamente o solo e mistura-o com fertilizantes do que o KRN-4,2 com corpos de trabalho passivos; 2) as batatas são plantadas a uma profundidade de 4-6 cm. No 15º dia após o plantio, quando as ervas daninhas começam a brotar, formar uma crista de até 25 cm de altura; 3) aplicar herbicida Zenkor 0,5-1 kg / ha e depois no campo não dirigir até a colheita. O solo não é compactado, as cristas não são destruídas, os ninhos de tubérculos não são danificados, a película de herbicida protege das ervas daninhas; 4) os fertilizantes orgânicos e minerais são obrigatórios; 5) controlo fitossanitário e pulverização com fungicidas e insecticidas.

11.6. Métodos de melhoramento do material de plantação e particularidades da cultura da batata-semente

O rendimento da batata depende em grande medida da qualidade do material de plantação. Como resultado da propagação vegetativa contínua, pode observar-se a degenerescência da batata, que se manifesta por uma redução progressiva do rendimento, pelo despertar prematuro de gomos nos olhos, pela formação de rebentos alongados em forma de fio, por tubérculos pequenos (frequentemente doentes) afectados por doenças virais e outras. A teoria ecológica que explica a degenerescência relaciona-a com condições de crescimento externas desfavoráveis (temperatura elevada, falta de humidade) durante o período de formação dos tubérculos. A teoria viral atribui a degenerescência às doenças virais acima referidas. O envelhecimento fisiológico associado à reprodução vegetativa constante é também a causa deste fenómeno.

Ao cultivar batatas de semente, através da aplicação de determinadas técnicas, é possível obter material de plantação saudável com qualidades de rendimento mais elevadas. A produção de batata-semente é efectuada em explorações especializadas, sem vírus. Na Estação Experimental de Cultivo de Legumes e Batatas da Sibéria Ocidental, o material de elite é obtido utilizando calor e quimioterapia, bem como o método de clonagem in vitro do meristema apical. Uma secção de 0,1 mm do meristema apical na ponta da plântula, a partir de células indiferenciadas, em crescimento constante e sem infecções, é cultivada em meio nutritivo artificial com a adição de citocinina, auxina e hormonas para a diferenciação dos tecidos. Como resultado, forma-se um calo, sobre o qual se forma um rebento, e a partir dele cresce uma planta fisiologicamente jovem e livre de infecções. O material assim recuperado é utilizado na produção de sementes para obter tubérculos de elite.

Os métodos a seguir indicados são geralmente aceites para melhorar a qualidade do rendimento das batatas.

1. Cultura de batata de semente em turfeiras drenadas, solos de várzea,

em regadio. Estes solos são mais húmidos, friáveis, férteis, caracterizados por temperaturas baixas de +18...+19oC sem mudanças bruscas. Os tubérculos destes solos são fisiologicamente mais jovens, formam mais olhos, têm um período de dormência mais longo, são melhor armazenados, têm uma camada de cortiça mais grossa.

2. Utilização da plantação de verão (finais de junho) de batatas de semente, especialmente no sul. Neste caso, a formação dos tubérculos ocorre numa altura mais fresca, quando há mais humidade.

3. O material de plantação deve ser, pelo menos, de reprodução V.

4. A taxa de plantação para fins de semente é aumentada (até 170 mil/ha), a profundidade de plantação é aumentada para 15-16 cm. Neste caso, forma-se um ninho de tubérculos relativamente pequenos e fisiologicamente mais jovens, o rendimento da fração de sementes e plantas mais saudáveis e produtivas aumenta, uma vez que os tubérculos doentes de uma maior profundidade não brotam. As plantações densificadas são menos afectadas por infecções virais, uma vez que as plantas se desenvolvem mais rapidamente e adquirem mais rapidamente a resistência às doenças relacionadas com a idade.

5. Efetuar tratamentos varietais e de fitoconservação durante o período de floração.

6. No caso da batata-semente, as datas de colheita são antecipadas, uma vez que as batatas imaturas são menos susceptíveis a infecções.

7. A ceifa do haulm nas batatas de semente é efectuada 12-15 dias antes da colheita. A saída de substâncias azotadas é impedida, o que protege contra a degeneração fisiológica. O tubérculo fica com uma casca mais espessa, as batatas ficam menos danificadas durante a colheita e são mais bem armazenadas.

8. Após a colheita, as batatas de semente são mantidas durante quinze dias em pilhas temporárias para identificar os tubérculos doentes antes do armazenamento. Os tubérculos são também mantidos à luz e esverdeados. Estes libertam solanina, que é um anti-sético, e as batatas armazenam-se melhor.

12. SEMENTES DE ÓLEO

12.1. Utilização dos óleos, suas caraterísticas mais importantes

As gorduras vegetais estão muito presentes na natureza e desempenham um papel importante na vida das plantas. As sementes oleaginosas são particularmente ricas em gorduras. A área global plantada com sementes oleaginosas é de cerca de 100 milhões de hectares. As sementes oleaginosas mais comuns incluem a soja (52 milhões de hectares), o amendoim (7,5 milhões de hectares), a colza (15 milhões de hectares), o girassol (15 milhões de hectares), o linho (7,5 milhões de hectares) e o sésamo (5,2 milhões de hectares). As principais áreas cultivadas situam-se nos EUA, Canadá, Índia, Brasil, Paquistão, China e Rússia.

Em comparação com as proteínas e os hidratos de carbono, as gorduras são os compostos mais oxidados e, por isso, têm o maior teor energético. Ao queimar 1 g de gordura, são libertadas 9500 calorias, ao queimar 1 g de proteínas - 5500, 1 g de hidratos de carbono - 4000 calorias. As gorduras vegetais têm uma série de vantagens em relação às gorduras animais. São mais benéficas para a saúde humana, uma vez que não contêm colesterol. A produção de óleos vegetais é mais barata. A produção de 1 tonelada de óleo vegetal requer 1 hectare de terra arável, enquanto o óleo animal requer 3 a 10 hectares.

As gorduras são ésteres do álcool triatómico glicerol com vários ácidos gordos. Os ácidos gordos dividem-se em dois grupos principais: 1) saturados, ou marginais (palmítico, esteárico), que à temperatura ambiente se encontram na fase sólida e são encontrados em maior quantidade nas gorduras animais; 2) insaturados (oleico, linolénico, erúcico), que à temperatura ambiente se encontram na fase líquida e são encontrados em maior quantidade nos óleos vegetais. Quando os ácidos gordos insaturados são oxidados, o óleo transforma-se numa película sólida. Esta propriedade é utilizada na indústria para produzir azeite e tintas. Para tal, são necessários óleos com uma grande quantidade de ácidos gordos insaturados. Um indicador do seu conteúdo é o índice de iodo, que é o número de gramas de iodo ligado a 100 g de gordura. Caracteriza a capacidade de secagem do óleo. Quanto mais elevado for, quanto mais rápido o óleo secar. De acordo com o grau de secagem, os óleos dividem-se nos seguintes tipos 1) secagem rápida com índice de iodo superior a 130 (óleo de linhaça, óleo de gengibre, óleo de perila), utilizado na indústria de tintas e vernizes; 2) semi-secagem com índice de iodo de 85 a 130 (óleo de girassol, óleo de colza, óleo de mostarda, óleo de cártamo), utilizado na alimentação; 3) não-secagem com índice de iodo inferior a 85 (óleo de rícino, óleo de mamona, óleo de rícino), utilizado na medicina.

Os óleos alimentares e industriais devem ter a menor quantidade possível de ácidos gordos livres (não combinados com glicerol), uma vez que estes complicam a produção de óleos ao necessitarem de um processamento adicional. Um indicador do teor de ácidos gordos livres é o número de acidez, que é o número de miligramas de potássio cáustico necessário para neutralizar os ácidos gordos livres em 1 g de gordura. Este valor varia entre 0,1 e 5,7. Para as sementes de girassol de grau 1, não deve ser superior a 1,3.

As gorduras servem de matéria-prima para a indústria do sabão. As moléculas de gordura são decompostas por álcali cáustico, formam-se sais de ácidos gordos, libertam-se glicerol e água. A capacidade de saponificação da gordura é caracterizada pelo número de saponificação, que é o número de miligramas de potássio cáustico necessário para neutralizar os ácidos gordos livres e ligados ao glicerol em 1 g de gordura.

12.2. Girassol

12.2.1. Importância, distribuição, rendimento

O girassol é a principal cultura oleaginosa do nosso país. As sementes contêm até 50% de óleo comestível semi-seco, que é altamente palatável. É utilizado para fins alimentares, para a preparação de margarina, alimentos enlatados, pão e produtos de confeitaria. Os principais ácidos gordos do óleo de girassol são o linolénico (55%) e o oleico (30%). Atualmente, foram criadas variedades com um elevado teor de ácido oleico, cujo óleo, em termos de sabor e qualidade

é mais próximo do azeite. É mais resistente à oxidação durante a armazenagem e o aquecimento. O óleo de girassol contém vitaminas A, D, E, K, fosfatidos e outras substâncias valiosas. As qualidades inferiores do óleo de girassol são utilizadas para produzir sabão, tintas e oleados. Os subprodutos - bagaço, que permanece após a transformação das sementes para obtenção de óleo pelo método de prensagem, e farinha - após extração química - são forragens valiosas com elevado teor de proteínas, contendo em 1 kg pelo menos 1 k.u. e 35-40% de proteínas. Os cestos secos com 55-60% de rendimento são também uma boa forragem. A massa verde na fase de floração é utilizada para silagem. O girassol é uma boa cultura melífera, produzindo até 30 kg de mel por hectare.

O girassol é originário do sul da América do Norte. Foi trazido para a Europa por H. Colombo em 1510, mas inicialmente foi utilizado como planta ornamental. Foi utilizado como cultura oleaginosa depois de um camponês servo na Rússia, D.S. Bokarev, ter isolado o óleo de girassol numa prensa em 1835.

A área cultivada com girassol no mundo é de cerca de 18 milhões de hectares (EUA, Argentina, países europeus). Na Rússia - cerca de 3 milhões de hectares, principalmente no Cáucaso do Norte, Cáucaso Central, região do Volga, Tartaristão, Chuvashia, Sibéria Ocidental. O rendimento médio no país continua a ser baixo, cerca de 0,8 toneladas/ha. Em parcelas de ensaio de variedades, em explorações avançadas em solos altamente agrofónicos, obtêm-se rendimentos de 2,5-3 toneladas/ha.

12.2.2. Classificação e caraterização botânica girassol

O girassol anual (Helianthus annuus L.) pertence à família das Asteraceae. Existem duas espécies de girassol: o girassol cultivado (Helianthus cultus Wenzl.) e o girassol silvestre (Helianthus ruderalis Wenzl.) O girassol cultivado divide-se em duas subespécies: o girassol cultivado para sementeira (ssp. sativus Wenzl.) e o girassol cultivado para ornamentação (ssp. ornamentalis Wenzl.).

As variedades de girassol dividem-se em grupos consoante o tamanho da semente, o teor de óleo e o grau de descasque:

1) Sementes oleaginosas - sementes pequenas com 8-14 mm de comprimento, peso de 1000 sementes 35-75 g, com baixo teor de casca (22-36%), grão grande, que preenche quase completamente a cavidade da semente, com um teor de gordura de 53%;

2) gryzovy - sementes grandes com 15-25 mm de comprimento, 1000 sementes pesam 100-170 g, com elevado grau de descasque (42-56%), o grão preenche mal a cavidade da semente, o teor de óleo é baixo (20-35%). As variedades Gryz têm plantas mais altas e maiores, pelo que se recomenda a sua produção para silagem;

3) mezheumecs ocupam uma posição intermédia (Fig. 14).

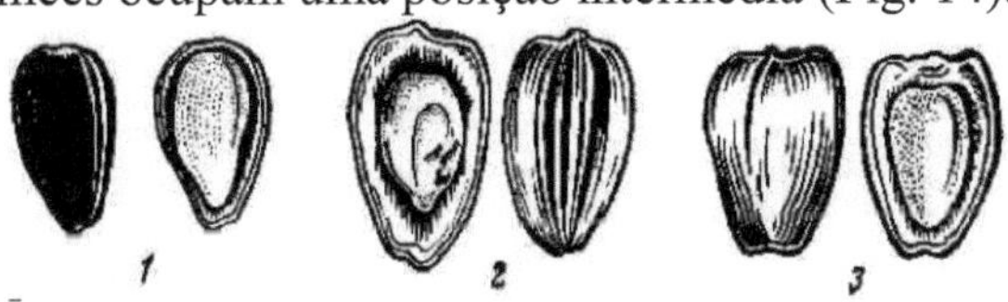

Figura 14: Sementes de girassol:
1 - sementes oleaginosas; 2 - roedores; 3 - mezheumk

O girassol é uma planta anual. O sistema radicular é em forma de haste, poderoso, penetrando a uma profundidade de 2-4 m, 100-120 cm para os lados. O caule é ereto, lenhoso, constituído por um núcleo solto, com 0,7-2,5 m de altura, não ramificado. As folhas são simples em pecíolos longos, grandes, ovais em forma de coração com bordos serrilhados, densamente pubescentes. Uma planta tem 15 a 30 folhas, consoante a variedade. A inflorescência é um cesto com um diâmetro de 10-20 cm nas oleaginosas e de 40 cm ou mais nas gramíneas. O cesto é rodeado por um invólucro foliar e é constituído por um pedúnculo com flores amarelo-alaranjadas em forma de língua, que são estéreis e servem para atrair insectos polinizadores (Fig. 15). Quase todo o pedúnculo é ocupado por flores tubulares, que podem ser de 600 a 1200 num cesto. As flores tubulares têm um pistilo com um ovário inferior e uma coluna, a corola é amarela ou laranja. Os estames são cinco, com filamentos livres e anteras fundidas.

As flores tubulares dão frutos. O girassol é uma planta de polinização cruzada, entomófila, polinizada por insectos. O fruto é uma semente de forma ovoide, constituída por uma semente (caroço) com um revestimento fino e um pericarpo (casca) coriáceo. No pericarpo, sob a epiderme, entre o tecido de cortiça e o esclerênquima nas variedades com casca, existe uma camada de células em forma de concha, na qual se forma uma substância negra de carbono, insolúvel em água, ácidos e álcalis (fitome-lan), constituída por 76% de carbono (Fig. 16). Esta camada protege as sementes de girassol da penetração das larvas da traça do girassol. Todas as variedades modernas são em forma de concha.

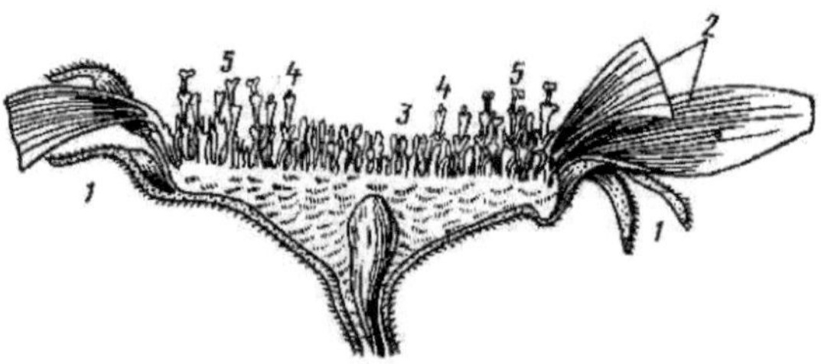

Figura 15. Estrutura do cesto de girassol:
1 - folhas embrulhadas; 2 - flores reticuladas; 3 - flores tubulares não abertas; 4 e 5 - flores tubulares

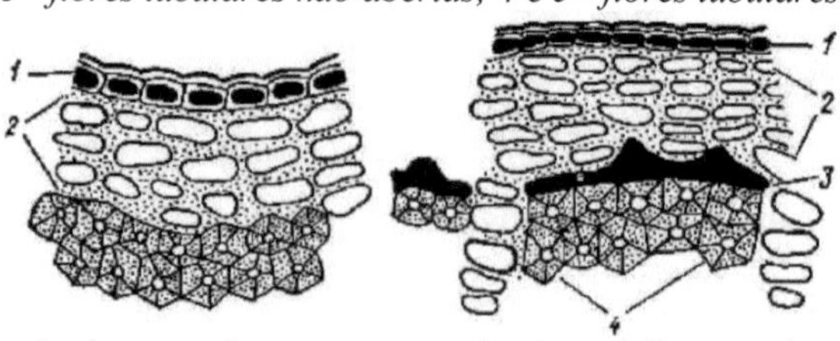

Figura 16. Secção da casca de uma semente de girassol (à esquerda, sem panícula, à direita, sem casca):
1 - células epidérmicas; 2 - tecido de cortiça; 3 - camada de casca; 4 - células do esclerênquima

A casca é o invólucro ou a película do fruto. O grau de descasque das

sementes é o peso da casca expresso em percentagem do peso da semente. As mais valiosas para a produção de óleo são
Variedades de sementes oleaginosas com baixo teor de casca (cerca de 20%). O peso de 1000 sementes é de 40 a 125 g. A semente é constituída por um embrião e um invólucro. O embrião é constituído por uma raiz germinal, um pedúnculo e duas vagens, que emergem na superfície do solo durante a germinação.

12.2.3. Caracterização biológica dos girassóis

O girassol é originário da parte sudoeste da América do Norte, das pradarias secas e abafadas. O processo de domesticação também teve lugar em condições de estepe. O girassol é, por conseguinte, uma planta tolerante à seca, que suporta bem a seca e as temperaturas elevadas.
A temperatura mínima de germinação das sementes é de +4...+60C, a temperatura óptima é de +15...+200C. Os rebentos resistem a geadas de curta duração até -8^0C. A temperatura mais favorável para o crescimento é de +25...+270C. Temperaturas superiores a +300C deprimem as plantas. Na fase de floração -1...-20C provoca a morte das flores.
O girassol é uma planta tolerante à seca devido ao seu forte sistema radicular, que utiliza a humidade de camadas inacessíveis a outras culturas. O caule e as folhas são pubescentes, o que protege contra o sobreaquecimento excessivo e a evaporação da superfície foliar. É um mesófito típico, evaporando bastante humidade. O coeficiente de transpiração situa-se entre 400 e 570. O consumo de humidade do girassol é desigual: germinação - formação do cesto - 23%, formação do cesto - floração - 60, floração - maturação - 17%. No período inicial antes da formação do cesto, o girassol tolera bem a seca, tanto do solo como atmosférica. O período crítico em termos de humidade é a formação do cesto - floração - enchimento. A falta de humidade nesta altura leva a que o centro do cesto fique oco, bem como ao subdesenvolvimento das sementes e à sua teimosia.
O girassol é uma planta de dias curtos, pelo que, à medida que a cultura se desloca para norte, o período de crescimento aumenta. É uma planta que gosta muito de luz. Caracteriza-se pelo heliotropismo, ou seja, a capacidade do cesto de rodar atrás do sol, ficando sempre virado para o sol. No final da floração, a rotação pára e o cesto fica sempre virado para leste. Se as linhas estiverem orientadas de sul para norte, o cesto estará sempre virado para a entrelinha. Neste caso, as plantas fazem menos sombra umas às outras, são mais bem ventiladas, têm menos doenças e há menos perdas aquando da colheita, porque o cesto é atingido de lado.
Os melhores solos para o girassol são os chernozemes de composição granulométrica média, bem como os solos de castanheiro. pH favorável

= 6,8. Os solos argilosos pesados, bem como os solos arenosos ligeiros, encharcados, fortemente ácidos ou salinos não são adequados. O sistema radicular do girassol caracteriza-se por uma maior capacidade digestiva, pelo que não é muito exigente em termos de fertilidade do solo.

No processo de crescimento do girassol, observam-se as seguintes fases germinação das sementes, emergência das plântulas (notada com o aparecimento de vagens de sementes na superfície do solo), primeiro e segundo pares de folhas, terceiro e quarto pares de folhas (nesta altura o cesto começa a formar-se), brotamento (o início é notado com o aparecimento de um cesto com um diâmetro de 2 cm), floração, crescimento da semente, enchimento da semente (36-40% de humidade), maturação (maturação fisiológica, a parte de trás do cesto é amarela, humidade da semente 18-20%), maturação completa (maturação económica, o cesto é castanho, humidade da semente 12-14%).

De acordo com a duração do período vegetativo, as variedades de girassol dividem-se nas seguintes categorias 1) maturação média (120-140 dias); 2) maturação precoce (100-120 dias); 3) maturação precoce (80-100 dias). No Altai Krai, apenas as variedades de maturação precoce, precoce e média são divididas em zonas.

12.2. 4. tecnologia da cultura do girassol

Inserção na rotação de culturas. Os melhores precursores do girassol são as culturas de cereais de inverno e de primavera, o milho, os pousios limpos e ocupados. Para evitar o desenvolvimento de doenças e pragas, o girassol só pode ser reintroduzido no seu local de origem após 7-8 anos. Nas zonas de estepe do Altai Krai, onde se praticam rotações de culturas com rotação curta, o mais racional é a seguinte colocação do girassol: 1) pousio; 2) trigo de primavera; 3) trigo de primavera;
4) girassol; 5) aveia. Nesta rotação de culturas, o girassol ocupa % do campo, o que permite voltar a colocar o girassol no mesmo local após 8 anos, numa rotação curta. Isto é conseguido mudando os campos de girassol e aveia na rotação. O girassol não deve ser colocado depois da beterraba sacarina, alfafa, erva-do-sudão, que secam o solo, bem como depois da colza, soja, ervilha e feijão, uma vez que estas culturas têm doenças comuns ao girassol (falso oídio, podridão cinzenta).

Lavoura. A lavoura principal é efectuada com charruas KPG-2-150, OPT-3-5, KPSH-9, agregados combinados (SMARAGD, APK-7,2) a uma profundidade de 20-22 cm na estepe e até 25 cm na floresta-estepe. Na primavera, quando o solo está fisicamente maduro, a gradagem e o nivelamento são efectuados com grades de dentes ou de agulhas, grades com rolos e, após a lavoura, com dragas. O nivelamento permite aplicar herbicidas de forma mais homogénea e efetuar sementeiras tecnologicamente mais avançadas, niveladas em profundidade. Antes da sementeira, o cultivo pré-sementeira é efectuado a uma profundidade de 6-8 cm com rolamento simultâneo.

Aplicação de fertilizantes. Ao formar 1 kg de sementes, o girassol consome 5-6 kg de azoto, 2 kg de fósforo e 10 kg de potássio. O azoto adicional, em combinação com outros elementos, aumenta o crescimento, aumenta a superfície foliar, geralmente reduz ligeiramente o teor de óleo. O fósforo aumenta o número de órgãos reprodutores, acelera o desenvolvimento, aumenta a resistência à seca, aumenta o teor de óleo. Em conjunto, o azoto e o fósforo são mais eficazes do que separadamente. O potássio, quer unilateralmente, quer em combinação com o azoto e o fósforo, não dá um aumento significativo do rendimento nos chernozems e noutros solos onde há potássio suficiente. O efeito do potássio adicional é observado apenas em solos onde este não é suficiente - solos de floresta cinzenta, solos podzol, solos de prado-hernozem.

O girassol não responde muito a taxas elevadas de fertilizantes devido à fraca atividade das enzimas que regulam o metabolismo do azoto. As taxas médias de $N_{40}P_{60}$ são eficazes em chernozems, e $N_{40}P_{60}K_{40-60}$ em solos pobres em potássio. Podemos esperar um aumento de rendimento de até 0,2 toneladas/ha. Aumentar a taxa acima da recomendada não aumenta o rendimento, mas reduz o teor de óleo em 2-3%.

Se utilizar um método mais eficaz de aplicação de fertilizantes - fita local, é possível reduzir a taxa de aplicação em 2 vezes para 1°Đz° d.v./ha, e obtém-se um aumento de rendimento até 0,3 t/ha.

Semeadura. Utilizam-se sementes calibradas para a sementeira, o que permite obter plantas mais alinhadas e reduzir as perdas na colheita. A utilização de sementes mais pesadas (com um peso de 1000 sementes de pelo menos 80 g para as variedades e 50 g para os híbridos) aumenta significativamente o rendimento. Para prevenir as doenças (podridão branca e cinzenta, etc.), as sementes são tratadas o mais tardar duas semanas antes da sementeira, utilizando, por exemplo, Apron Gold KE (2 kg/t de sementes misturadas com microelementos).

As sementes de culturas com elevado teor de oleaginosas, incluindo o girassol, caracterizam-se por uma maior necessidade de calor durante a germinação. A sementeira do girassol começa à temperatura do solo, à profundidade da sementeira, de +8...+10°C. No Altai Krai é no final da primeira - início da segunda década de maio. Nas zonas áridas, é preferível semear mais cedo. É importante associar as datas de sementeira à possibilidade de erradicação das ervas daninhas. Nos campos limpos, bem como quando são aplicados herbicidas no solo, é necessário semear o mais cedo possível, nos campos infestados - mais

tarde.
A sementeira do girassol é efectuada em linhas largas e pontilhadas, com um espaçamento entre linhas de 70 cm (menos frequentemente 45 cm), utilizando semeadores pneumáticos SUPN-8, SPCH-6, SKPP-12, STV-8 com grades e arneses, OPTIMA, MONOSEM. Profundidade de sementeira - 6-8 cm, em condições secas - 8-10 cm. A densidade ideal de plantas para a colheita na estepe de Kulunda é de 4° mil/ha, na estepe florestal - 5° mil/ha. Ao calcular a taxa de sementeira, deve ter-se em conta que a germinação das sementes no campo é 15-25% inferior à germinação em laboratório. Além disso, é necessário ter em conta a queda das plantas durante o seu tratamento. Para cada lavoura após a germinação é necessário aumentar a taxa de sementeira em 5 por cento. Consequentemente, a taxa de sementeira de peso pode ser de 5 a 8 kg/ha. Quando se cultiva girassol para silagem, a densidade de plantas deve ser de 200-250 mil/ha.
Cuidados a ter com a sementeira. Quando a sementeira é efectuada em solo solto, é necessário rebolar imediatamente após a sementeira com rolos de espora circular. Na tecnologia intensiva são utilizados herbicidas para controlar as ervas daninhas. Os herbicidas de solo são utilizados se o solo estiver bem humedecido, actuam na germinação das sementes de ervas daninhas, pelo que são introduzidos no solo antes ou depois da sementeira, com incorporação no solo. Durante a vegetação do girassol, aplicam-se frequentemente herbicidas anti-ervas Fusilad forte, Furore super. A utilização de herbicidas permite recusar a cultura entre fileiras em solos leves ou reduzir o seu número em solos pesados. Na tecnologia sem herbicidas, procede-se à gradagem e aos tratamentos entre fileiras. A gradagem antes da germinação é eficaz 4-5 dias após a sementeira, na fase de fios brancos de ervas daninhas - grades dentadas BZSS-1,0, BP-0,7, e em campos com grandes quantidades de resíduos de plantas - enxada rotativa MRN-8,4 ao longo das linhas. A gradagem nos rebentos destrói as ervas daninhas anuais tardias. É efectuada na fase de 2-3 pares de folhas de girassol, à tarde, ao longo das linhas. A queda não deve ser superior a 5%. O cultivo entre fileiras é efectuado por KRN-4,2, KRG-5,6 com lanceta e dentes de um só lado, com grades KLT-360 para cobrir as ervas daninhas na zona das fileiras, grades de monda KLT-38 para soltar o solo na zona das fileiras antes do rebento. Iniciar o primeiro tratamento quando as plantas de girassol atingem uma altura de 20 cm, a uma profundidade de 68 cm, o segundo tratamento - a 8-10 cm após 10-15 dias, o terceiro - a 6-8 cm quando as ervas daninhas aparecem. Os tratamentos são interrompidos quando as plantas atingem 60 cm.
Na fase de floração, é efectuada uma polinização adicional por abelhas,

3 famílias de abelhas por 1 hectare. Isto aumenta o rendimento em 0,2-0,3 toneladas/ha.
A colheita do girassol começa na fase de maturação económica, quando a humidade das sementes é de 12%, e quando a maior parte dos cestos é de cor castanha. Quando os girassóis estão demasiado maduros, quando o teor de humidade desce para 8%, as perdas por estilhaçamento na raiz aumentam, especialmente nas zonas de estepe. Os híbridos amadurecem mais rapidamente do que as variedades, pelo que devem ser colhidos 5 a 7 dias mais cedo para evitar a quebra. Na zona de floresta-estepe da Sibéria, em condições de outono frio e chuvoso, a colheita tem frequentemente de começar com uma humidade elevada (18-20%). Neste caso, a dessecação pré-colheita com clorato de magnésio 20 kg/ha com um consumo líquido de 100 litros/ha por via aérea é eficaz 40 dias após a floração, quando as sementes estão cheias. Neste caso, em 10 dias o teor de humidade é reduzido para 12%, a maturação é acelerada, o tempo de colheita é encurtado e as perdas por doenças são reduzidas. As culturas devem ser colhidas em 5-7 dias.
A colheita é efectuada por ceifeiras-debulhadoras equipadas com dispositivos especiais PSP-1.5, PSP-8, PSP-10, cujo conjunto inclui uma barra de corte especial sem vento, que corta apenas os cestos sem caules em corte alto, bem como um picador de cestos e caules. Os separadores de fileiras alimentam a lâmina do rotor da barra de corte com os caules sem impacto. Um transportador vibratório assegura um fluxo constante de cestos e de sementes fragmentadas para a calha do sem-fim. Para evitar o colapso das sementes, a velocidade do tambor é reduzida para 425-450 rotações por minuto e para 300 rotações por minuto nas secções de sementes.
As sementes que chegam à corrente contêm muitas impurezas e têm uma humidade elevada. As sementes húmidas deixadas mesmo durante um dia aquecem-se a si próprias, o que leva à sua deterioração. O óleo dessas sementes tem um índice de acidez elevado. As sementes são limpas em OVP-20, OS-4,5A, ZAV-20, etc., secas até um teor de humidade de 7-9%. A temperatura de aquecimento das sementes não deve ser superior a 40-45^{0}C. O enchimento das sementes para armazenamento a longo prazo sem ventilação ativa é permitido a uma humidade não superior a 7%.

12.2.5 Caraterísticas botânicas e biológicas das plantas oleaginosas família das couves

Para além do girassol, as plantas oleaginosas resistentes ao frio da família das couves (Brassicaceae) podem ser de grande importância na Sibéria: 1) a colza (Brassica napus L. ssp. olifera Metzg.), que é representada na cultura por duas formas: inverno - biennis e colza de primavera, ou kolza - annua; 2) a terebintina também tem uma forma de inverno (Brassica rapa L. ssp. olifera D.C.) e de primavera (Brassica campestris L.). Na prática mundial, a colza e a terebintina são frequentemente combinadas sob o nome comum de "colza" ou, no sul da Europa, "kolza"; 3) mostarda azul (Brassica juncea Czern.); 4) mostarda branca (Sinapis alba); 5) gengibre de primavera (Camelina sativa); 6) crambe (Crambe abyssinica) (Quadros 34, 35).

Caraterísticas das sementes oleaginosas da família das couves

Ver	Forma e superfície	Colorir	Sabor	Oslimação na água	Peso de 1000 sementes, g	Teor de óleo,%	Número de iodo	Utilização
Haste azul	Ovalada, redonda, de malha transparente.	Castanho escuro	Ardência com um odor essencial	Eles não se enlameiam	1,7-4	35-49	120-121	Alimentos, mostarda em pó
Mostarda branca	Globular, com uma rede fina.	Creme	Amargo sem odor essencial ha	São muito viscosos	4-6,5	30-40	92-122	Alimentação
Colza	Globular, ligeiramente celular.	Preto	Relvado	Eles não se enlameiam	3-6,9	33-50	101-107	Técnica, alimentos
Cenoura	Oval com ranhura longitudinal	Laranja-amarelo	Sabor a nabo	Estão a fazer cera	0,9-2,5	32-46	139-157	Olefovare
Surepea	Quase globular, grosseiramente redeado.	Castanho-avermelhado.	Relvado	Eles não se enlameiam	2-3	34-38	100-103	Técnica
Crumbe	Quase esférico	Amarelo palha	Relvado	O mesmo	5-6,5	34-53	93-97	Na indústria alimentar

Principais caraterísticas das culturas oleaginosas da família das couves

Sinais	Haste azul	Mostarda branca	Colza	Cenoura	Surepea	Crumbe
Caule	Nua ou com penugem azulada na parte inferior	Coberto de pêlos eriçados, púrpura na base	Nua, azul	Pouco pubescente com pêlos curtos e cerdas longas, verde ou ligeiramente azul	Nua ou pubescente por baixo, azulada clara	Nua ou pubescente na parte inferior, azulada
Forma das folhas da raiz	Em forma de lira, com secções pinadas, menos frequentemente inteiras	Em forma de lira-peri-cut	corte em forma de lira-pe-ristão.	Lancet	em forma de lira - em forma de pistão - com incisão.	Arredondado
Lóbulo superior da folha	Grande, semi-oval	Grande, oval largo	Grande, oval, rombo.	-	Grande, oval	Grande, ovoide

Tumescência, coloração	Pubescentes ou menos frequentemente glabros, azulados claros	Cabelo duro, verde	Coberto por uma placa cerosa, de cor azulada.	Ligeiramente pubescente, verde	Downy, verde	Não pulverizado, cor azul claro.
Inflorescência e flores	Em forma de escudo, amarelo vivo.	Amarelo em forma de quisto	Em forma de quisto, amarelo claro.	Cística, amarelo pálido.	tiroide, amarelo dourado.	Pincel solto, branco
O fruto é uma vagem	Linear, de 4 faces, fino, com bico curto !4 comprimentos de aba	Rectos ou curvos, articulados com um bico longo em forma de espada igual ao comprimento das abas	Estreito, direito ou curvado, com um bico fino e curto, vagens perpendiculares ao caule	Obovado, com um bico curto em forma de espiga	Estreito, direito ou curvo, com um bico cónico alongado	Globular sem bico

As sementes destas culturas contêm óleo de 30 a 50%. O rendimento das sementes é de 0,8 a 1,2 toneladas/ha. A utilização dos óleos é apresentada no quadro 33. O óleo de colza não era utilizado para fins alimentares até há pouco tempo, devido ao seu elevado teor de ácidos gordos erúcico e eicogénico e de glucosinolatos. Atualmente, foram desenvolvidas variedades sem ácido erúcico, com um teor de ácido erúcico de 0-5%, contra 37-50% nas variedades antigas.

Este facto fez aumentar significativamente a procura de óleo de colza para fins alimentares, bem como para fins técnicos, como fonte de biodiesel, um combustível renovável e amigo do ambiente.

Os subprodutos após a extração do óleo de sementes - bagaço, farinha - contêm até 40% de proteínas e são utilizados para a alimentação do gado, mas é melhor utilizá-los sob a forma de aditivos, uma vez que os glucósidos em grandes quantidades podem causar inflamação dos intestinos e dos rins. A massa verde na fase de floração da colza, mostarda branca e terebintina é utilizada para a alimentação do gado. Em 100 kg de massa verde contém 15 k.u.d. O rendimento da massa verde é de até 20 toneladas/ha, e nas formas de inverno - até 30 toneladas/ha.

Caraterísticas biológicas. Todas estas plantas são resistentes ao frio, moderadamente exigentes ao calor. A temperatura mínima de germinação das sementes é de +2...+30C, a temperatura óptima é de +15^{0}C. Os rebentos podem resistir a geadas até -5^{0}C, e no outono a massa verde pode resistir a geadas até -8^{0}C. Estas culturas têm um período vegetativo curto: mostarda azul - 90-100 dias, mostarda branca - 65-90 dias, colza - 95-100 dias, gengibre, terebintina - 75-85 dias.

As culturas listadas são plantas de dias longos e que gostam de humidade. Em anos secos, a colza e a mostarda branca reduzem significativamente o rendimento. A mostarda azul, a groselha vermelha

e a terebintina são relativamente mais resistentes à seca do que a mostarda branca.
Os rendimentos mais elevados são obtidos aquando da sementeira de colza e mostarda em chernozems. A mostarda branca, a surypitsa e a mostarda vermelha são menos exigentes em termos de fertilidade do solo. O sistema radicular da mostarda branca caracteriza-se por uma elevada capacidade digestiva, pelo que pode ser cultivada em solos pobres e ligeiramente ácidos. É conhecido o papel de limpeza das plantas da família das couves, especialmente da mostarda branca, em relação à microflora patogénica do solo. Depois da colza, o trigo é menos afetado pelas podridões radiculares. Tendo um período vegetativo curto, formam rapidamente um elevado rendimento de massa verde, suprimem bem as ervas daninhas, pelo que são frequentemente recomendadas como culturas intermédias e laterais.
Tecnologia de cultivo. Para o cultivo de culturas oleaginosas da família das couves, os bons antecessores são os cereais de inverno e de primavera, as culturas em linha e as leguminosas. Estas culturas respondem bem à introdução de fertilizantes orgânicos e minerais. Doses recomendadas - N45-60P45-60K45-60.
A mobilização do solo para estas culturas é semelhante à utilizada para as culturas de início de primavera. Dado que as sementes são pequenas, o tratamento pré-sementeira é mais exigente. A superfície não deve apresentar grumos, sulcos ou cristas. O solo deve estar nivelado e húmido. Para o tratamento, utilizar agregados AKP-2,5, USMK-5,4, profundidade - 4-5 cm. As sementes tratadas são utilizadas para a sementeira. As datas de sementeira das sementes são precoces, no início de maio. As culturas precoces utilizam melhor as reservas de humidade do solo, são menos afectadas pelas pulgas das crucíferas, pois têm tempo para se fortalecerem antes do seu aparecimento em massa. As plantas provenientes de sementeiras precoces têm um período mais longo de postura dos órgãos generativos, pelo que são mais produtivas. Além disso, amadurecem mais rapidamente e têm um teor de óleo mais elevado. Para fins forrageiros, o tapete rolante verde pode ser semeado desde o início da primavera até meados de julho.
O método de sementeira é a sementeira em linha. Semeadores: de grão (SZT-3,6), AMAZONE, pois semeiam mais qualitativamente as culturas de pequenas sementes. Na sementeira com semeadores de cereais é possível utilizar lastro - superfosfato 20 kg/ha, misturando-o com as sementes imediatamente antes da sementeira.
Taxa de sementeira - 2,5-3 milhões/ha de sementes germinadas (10-12 kg/ha), o que permite obter cerca de 200 plantas por 1 m^2 aquando da colheita. A profundidade de sementeira é de 2-3 cm.
Cuidados com as plantas. Rolagem do solo seco e solto antes e depois

da sementeira, aplicação de herbicida (Treflan - 2,5 l/ha) na cultura pré-sementeira, gradagem antes e depois do abrolhamento (na fase de 3-4 folhas), controlo de doenças e pragas. A proteção sistémica das sementes e plântulas não só contra doenças, mas também contra pragas no início do desenvolvimento, os agentes de tratamento sistémicos Maxim e Kruiser protegem bem.

A colheita para semente é dificultada pela maturação não simultânea das vagens. A colheita separada reduz as perdas por estilhaçamento, humidade e contaminação das sementes, e melhora a sementeira e as qualidades tecnológicas das sementes. A ceifa é iniciada quando as folhas caem, as vagens do ramo principal ficam amarelas e as sementes adquirem uma cor caraterística. As plantas são ceifadas com barras de corte ZhVN-6A, ZhRB-4,2A a uma altura de 15-20 cm. As leiras são debulhadas com um teor de humidade das sementes de 10-12% e com uma frequência de debulha de 700-800 rpm. A ceifeira-debulhadora está equipada com um dispositivo PKK-5 para a debulha de sementes pequenas e de cereais, que permite reduzir as perdas e o esmagamento das sementes, bem como com o PPT-3 (picker transportador de rede), que ajuda a reduzir as perdas por estilhaçamento. Para a colheita de colza, existe um acessório especial para ceifeiras-debulhadoras - PZR-6. As vagens da mostarda branca não estalam, pelo que podem ser colhidas diretamente. As sementes limpas são armazenadas a um teor de humidade não superior a 10%, ou a um teor de humidade de 7% para armazenamento a longo prazo. Para a colheita da massa verde, as plantas são cortadas na fase de floração.

13. LEN

13.1 Utilização, distribuição, rendimentos

O linho é uma das melhores culturas para fiação. É cultivado pela sua fibra natural, que está contida nos caules do linho. O teor de fibras é de 18-33% no linho de linhaça e 2 vezes inferior no linho de amoreira. As sementes de linho contêm até 35-39% de óleo (até 42-44% no linho oleaginoso) e até 25% de proteínas.

A fibra de linho tem propriedades tecnológicas elevadas e é a principal matéria-prima para a indústria têxtil na Rússia, uma vez que a fibra de algodão da Ásia Central se tornou muito mais cara. A fibra de linho é 2 vezes mais forte do que a fibra de algodão, 3 vezes mais forte do que a fibra de lã e ligeiramente inferior ao fio de seda. Os produtos feitos de linho são bons, bonitos, higiénicos e não provocam alergias. A partir de 1 kg de fibras de linho, podem ser produzidos 10 m^2 de batiste, 2,4 $m^{(2)}$de tecido ou 1,6 m^2 de lona, bem como cordéis, fios, cordas e, a partir de fibras indirectas, cânhamo. Apenas a fibra longa de linho n.º 12-14, que pode ser obtida a partir de palha de linho n.º 1,5-2 e superior, é utilizada para o fabrico de tecidos. A qualidade da fibra reflecte o número, que significa o número de meadas de fio de um determinado comprimento (245,5 m) por unidade de massa de fibra (453,6 g). Quanto maior o número, maior a qualidade, menor o consumo de fibras para produzir 1 $m^{(2)\ de}$ tecido. Por exemplo, para a batiste, o número de fibras é 150.

A casca, que contém 60% de celulose, é utilizada para o fabrico de cartão, placas de construção, álcool etílico e acetona. As sementes de linho oleaginoso produzem fibras indirectas, que são utilizadas para o fabrico de cordéis, cordas e cordéis. O óleo é utilizado para o fabrico de azeite, tintas e vernizes. O bagaço e a farinha contêm 30% de proteínas e são forragens valiosas. Em 1 kg de bagaço - 1,15 k.u.

A colheita de palha de linho contém 75% de palha de linho, sementes - 10-15%, palha - 10-15%. O rendimento do cardo da colheita da palha de linho é de 70%.

O linho é cultivado na Rússia desde os séculos III a V d.C. O linho é o principal produto de exportação da Rússia desde os tempos de Pedro, o Grande. São conhecidos os linhos de Pskov, Novgorod e Kashin.

60% da área semeada de linho a nível mundial situa-se na Rússia, Bielorrússia e Ucrânia. A área semeada no mundo é de 1 milhão de hectares, na Rússia - 200 mil hectares, principalmente em áreas com clima temperado na região da Terra Não Negra, enquanto as culturas de linho oleaginoso estão disseminadas na Zona Centro-Central, na Sibéria Ocidental e na região do Volga.

O rendimento médio da fibra de linho no país é de cerca de 0,4 t/ha, a palha de linho - 2,0 t/ha, enquanto o rendimento potencial atinge até 1,6 t/ha de palha de linho.
No Altai Krai, a área de plantação de linho é de 4 mil hectares, principalmente nas regiões do sopé com clima moderado e mais húmido (distritos de Biysky, Smolensky, Zalesovsky, Zarinsky, Soltonsky, Togulsky e Tselinny). O rendimento em palha do linho é de 2,3 t/ha, o rendimento em fibras é de 0,47 t/ha, superior à média nacional. A cultura do linho ocupa uma área de 4,5 mil hectares e o seu rendimento é de 0,14 toneladas/ha de sementes.

13.2 Caraterísticas morfológicas das plantas de linho e classificação

O linho é uma planta herbácea anual. As sementes são planas, ovóides, lisas, brilhantes e castanhas. O peso de 1000 sementes é de 2,8-6 g. Os rebentos apresentam cápsulas de sementes à superfície. As folhas verdadeiras são lanceoladas, sésseis, dispostas em ordem, morrendo durante o amadurecimento das sementes. Caule até 1 m ou mais de altura, cilíndrico, fino, coberto por uma placa cerosa. A inflorescência é um pincel em forma de guarda-chuva. A flor é do tipo pentacelular (5 sépalas, 5 pétalas de cor azul, rosa, branca, 5 estames, ovário pentacelular com cinco colunas). As plantas com flores azuis são mais produtivas. O linho é autopolinizante. A floração dura 6 a 10 dias. O fruto é uma cápsula esférica, que se abre quando a floração pára. O sistema radicular é uma raiz axial, pouco desenvolvida, que representa 8-10% do peso da planta. 80% das raízes estão localizadas no horizonte do solo arável.
Os caules, nomeadamente o líber, a parte periférica dos caules, são susceptíveis de ser colhidos. Os feixes fibrosos do líber são constituídos por fibras elementares coladas entre si por pectina. Cada fibra é uma célula fortemente alongada de tecido condutor, com comprimento de 20-30 mm a 100 mm e 80 μm de diâmetro. Existem 10-50 fibras num feixe. A fibra de melhor qualidade encontra-se na parte central do caule. Em caules finos e longos (diam.
não mais de 0,8-1,2 mm e uma altura de, pelo menos, 70-80 cm), obtém-se uma fibra de alta qualidade, que deve ser longa e fina.
O linho cultivado (Linum usitatissimum L.) pertence à família do linho (Linaceae). O Linum crepi- tans (Linum crepi- tans) ocorre em culturas de linho cultivadas como infestante, caracterizando-se pelo facto de as cápsulas maduras se abrirem completamente e de caírem sementes com bicos pouco desenvolvidos.
O linho comum cultivado divide-se em subespécies: euro-asiática, mediterrânica e intermédia. As duas últimas distinguem-se por cápsulas e sementes maiores. A subespécie euro-asiática, que se divide em grupos de variedades, é aqui cultivada (quadro 36).

Tabela 36

Grupos de variedades de linho

sinal	Linho comprido V. elongata	Linho mezheumok V. intermedia	Linho encaracolado V. brevimulti-caulia	V. próstata
Altura, cm	70-120	50-70	30-50	50-60
Ramificação	Não se ramifica	Fracamente ramificado	Ramificação a partir da base	Fortemente ramificado
Número de caules	1	1-2	4-5	4-6
Número de caixas	8-10	15-25	30-50	30-40
Peso de 1000 sementes, g	3-5,5	4,5-6	5,0-8,0	2,5-5
Teor de óleo, %	35-39	38-42	38-45	40-42
Forma biológica	Yarovoy	Yarovoy	Yarovoy	inverno

13.3 Peculiaridades da biologia do linho

O linho é uma planta de dias longos originária de latitudes temperadas, o que explica grande parte da sua biologia. O linho é favorecido por temperaturas moderadas na primavera e no verão, com chuvas intermitentes e tempo limpo. A temperatura mínima de germinação das sementes é de +2... .+5^{0}C, a temperatura óptima é de +150C. Os rebentos resistem a geadas até -3... .50C. A soma das temperaturas activas durante a estação de crescimento é de 1100-1500^{0}C. A temperatura óptima para o crescimento é de +16.+18^{0}C.

Uma temperatura superior a +22^{0}C deprime o crescimento em altura, aumenta a ramificação e, por conseguinte, a qualidade da fibra deteriora-se. O período vegetativo é de 75-100 dias.

As cucurbitáceas de linho são mais exigentes em termos de calor. Durante a floração e a maturação, a temperatura óptima é de +20.+22^{0}C. A soma das temperaturas activas é de 1600-1800^{0}C.

O desenvolvimento do linho lingon caracteriza-se pelas seguintes fases: germinação, fase de espinha de peixe, abrolhamento, floração, maturação.

O linho é uma cultura que adora humidade devido ao seu fraco sistema radicular. O inchamento da semente requer muita humidade - 160% do peso da semente. No período inicial, o linho cresce lentamente, mas a partir da fase de "espinha de peixe", antes e durante o abrolhamento, cresce vigorosamente e as suas necessidades de humidade aumentam. O linho é particularmente exigente em termos de humidade durante o abrolhamento e a floração. A partir daí, o crescimento em altura pára. O excesso de humidade durante a floração e o amadurecimento provoca o acamamento e danos causados por doenças. O linho não deve ser

cultivado em zonas onde as águas subterrâneas estão próximas do solo. O coeficiente de transpiração é de 400-500.
O linho caracteriza-se por uma necessidade moderada de luz. A luz forte aumenta a ramificação e reduz o rendimento das fibras longas. Mas o sombreamento excessivo provoca o acamamento.
Na zona de Não-Chernozem, o linho é tradicionalmente cultivado em solos cultivados, podzólicos, argilosos médios e ligeiros, ligeiramente ácidos, com pH = 5,6-6, com teor de húmus não inferior a 2%. Os solos argilosos pesados e turfosos ácidos são de pouca utilidade. No Altai Krai, o linho é cultivado em chernozems lixiviados, podzolizados e normais.

13.4. Tecnologia de cultivo

Lugar na rotação de culturas. O linho pode voltar ao seu lugar anterior após 7-8 anos. Em caso de cultivo repetido, observa-se uma fadiga do linho, ou seja, uma diminuição acentuada do rendimento, uma vez que se acumulam microrganismos patogénicos (fusarium, antroknosis, polisporose, etc.), substâncias tóxicas, um esgotamento unilateral do solo, a acumulação de ervas daninhas especializadas (palha de linho, espinho de linho, verme vermelho do linho, murchidão). As gramíneas perenes são um bom precursor para o linho, especialmente quando cultivadas em zonas tradicionais de cultivo do linho com baixa fertilidade do solo e onde não são aplicados fertilizantes. Em terrenos limpos, quando são aplicados fertilizantes, aumenta a importância de antecessores como os cereais de inverno e de primavera e as misturas de leguminosas e aveia, uma vez que o linho após estes antecessores é mais nivelado e tecnológico do que após as gramíneas. O trigo, a batata e a beterraba são semeados depois do linho.
Fertilização. O linho é exigente em substâncias minerais disponíveis, uma vez que possui um sistema radicular pouco desenvolvido e com baixa capacidade digestiva, e a maior parte dos nutrientes é fornecida às plantas num curto período de tempo. No início da floração, 84% do azoto, 80% do fósforo e 70-90% do potássio são consumidos. A produção por 1 tonelada de palha e o número correspondente de sementes é de 10-14 kg de azoto, 4,5-7,5 kg de fósforo e 11-17,5 kg de potássio. O azoto promove o crescimento e aumenta o rendimento da fibra longa. O fósforo promove o desenvolvimento do sistema radicular, acelera a maturação e aumenta o rendimento das sementes e das fibras. O potássio aumenta a resistência ao acamamento e o rendimento da fibra.
Os adubos orgânicos não são aplicados diretamente no linho para evitar a variegação e a infestação das culturas, bem como a formação de fibras grosseiras.

Em solos férteis, se o rendimento do grão anterior for de pelo menos 2,5 t/ha, aplicam-se ao linho 25 kg d.c./ha de azoto, se for inferior - 30 kg d.c./ha. O fertilizante mineral completo é aplicado ao linho na proporção NPK 1:2:2.

Em solos com pH = 4,5, a calagem é necessária. Mas o linho é sensível à calagem. Em solos recém-calcinados, o linho sofre de bacteriose e de murchidão fisiológica, uma vez que o boro e o potássio se tornam menos disponíveis, o que leva a perturbações na formação do sistema condutor, e a fibra é grosseira e quebradiça. Por conseguinte, a calagem do solo deve ser efectuada sob o antecessor ou em pousio.

Lavoura. O linho requer uma lavoura mais profunda devido ao seu fraco sistema radicular e ao facto de ser uma cultura de pequenas sementes. A camada de gramíneas perenes é desarborizada em duas direcções com grades pesadas, sendo depois lavrados 22-25 cm de aiveca. Após a colheita do restolho, procede-se ao descasque e à lavoura. No início da primavera, é preferível cultivar com grades de discos, para não revolver a relva. A cultura pré-sementeira é efectuada com máquinas que combinam o afrouxamento fino, o nivelamento e o rolamento (VIP-5, RVK-3,6).

Antes da sementeira, as sementes são preparadas e aquecidas por aquecimento térmico do ar. A sementeira é iniciada quando o solo a uma profundidade de 10 cm aquece até +6...+80C (segunda década de maio).

Para obter plantas com caules finos e compridos, com elevado teor de fibras de alta qualidade, o linho deve ser cultivado num estado adensado (1500-1600 plantas/$m^{2)}$, pelo que a taxa de sementeira é de 18-25 milhões/ha de sementes em germinação. A fim de distribuir uniformemente as sementes, estas são semeadas em linhas estreitas com um espaçamento entre linhas de 7,5 cm, utilizando semeadores SZL-3.6A, SLN-48A.

Quando as plântulas de linho germinam, vêm à superfície, pelo que não tolera uma sementeira profunda. A profundidade de sementeira é de 1,5-2 cm, em solos leves - 3 cm. Se o linho for colhido com palha espalhada na cama de linho, deve ser semeada festuca vermelha, azevém de pastagem ou trevo rasteiro com 10 kg/ha. Na altura da colheita do linho, as gramíneas formam um relvado de até 20 cm de altura, assegurando o isolamento da palha do solo durante o espalhamento do linho e condições óptimas de cura. As sementes de erva são misturadas com as sementes de linho antes da sementeira e semeadas em conjunto.

Cuidados com as culturas. Após a sementeira, é necessário efetuar a consolidação pós-sementeira e a eliminação da crosta do solo. O linho cresce lentamente no início da vegetação, pelo que é importante controlar as ervas daninhas, mas esta cultura é sensível à maioria dos herbicidas. É preferível utilizar herbicidas quando as plantas de linho têm 58 cm de altura e estão na fase de espinha de peixe. Nesta altura, as folhas do linho apresentam uma pátina cerosa máxima e os herbicidas escorrem das plantas. Os herbicidas podem ser aplicados em mistura com nitrato de amónio ou ureia - 10 kg/ha com a adição de microelementos (boro - 0,25 kg/ha, zinco, molibdénio - 0,1 kg/ha cada).

Colheita e transformação primária. Para obter fibras de alta qualidade, a colheita começa na fase de maturação amarela precoce, que ocorre 25-30 dias após a floração em massa. Sinais de maturação precoce do amarelo: os caules são amarelos, as folhas estão 2/3 quebradas, as cápsulas têm nervuras esverdeadas, as sementes estão na fase de maturação cerosa. 5-7 dias após o amadurecimento precoce, surge o amadurecimento amarelo, as cápsulas são amarelas, as sementes endurecem e adquirem a sua coloração caraterística. Na maturação completa, os caules e as cápsulas são castanhos, as sementes na cápsula estão maduras e fazem barulho quando sacudidas. A fibra no amarelo e na maturação completa é mais grossa, lenhosa e perde a elasticidade.

Nas culturas de sementes, a colheita começa na fase de maturação do amarelo.

O linho é colhido de duas formas. A primeira consiste em espalhar palha sobre a cama de linho para produzir bacalhau de linho. A ceifeira-debulhadora de linho LK-4A, equipada com uma máquina de espalhamento e um dispositivo de penteação, efectua a pisa (arrancamento com a raiz) das plantas e a penteação das cápsulas de sementes. A pilha de cápsulas vai para o carrinho e a palha de linho é espalhada na cama de linho sobre a erva semeada. A palha deve estar 8-10 cm acima do solo. Durante a cura, a palha deve ser virada 3-4 e 10-20 dias após o espalhamento. É utilizado o invólucro OSN-1. Durante o espalhamento, a palha de linho transforma-se num bacalhau de xisto devido à ação do fungo aeróbico Cladospo- rium herbarum Zn. Ocorre a chamada "barbela" da palha. As melhores condições para a cura ocorrem em agosto, com tempo quente (+18^{0}C) e orvalho abundante durante 3-4 semanas (em caso de propagação tardia, 5-7 semanas). Os caules tornam-se cinzentos, as substâncias de pectina são destruídas e torna-se possível separar a casca (parte lenhosa do caule) da película (fibras). Para determinar o fim da cura, são colhidas amostras de bacalhau no campo - "tortura". A tresta é passada por um triturador de laboratório e esfregada. No caso de uma cura insuficiente, é difícil separar as fibras da casca; no caso de uma cura excessiva, há uma separação parcial das fibras elementares entre si. Após a maturação, o bacalhau seco, com uma humidade não superior a 20%, é levantado e tricotado em feixes pela máquina de colheita PTN-1 ou formado em fardos pela enfardadeira PRP-1,6, sendo posteriormente carregado e enviado para a fábrica de linho. Quando o teor de humidade do bacalhau é elevado, este é tricotado em rolos e colocado para secar em cones ou tendas.

Depois de penteada, a pilha crua com cápsulas tem um teor de humidade de 30-65%. É seca em secadores de chão, colocada numa camada de 0,7-1 m, até atingir um teor de humidade de 16-18%, e depois é debulhada em debulhadoras estacionárias MV-2.5A. De seguida, as sementes são limpas em máquinas de limpeza de sementes. Durante o armazenamento a longo prazo, o teor de humidade das sementes não deve ser superior a 10%.

O segundo método - em campos livres de ervas daninhas, com culturas niveladas e não alojadas, é aplicado o seguinte complexo tecnológico durante a colheita do linho: pisa, penteação das cápsulas, enfardamento da palha de linho em feixes. A ceifeira-debulhadora LKV-4A, equipada com um atador de feixes, trabalha neste processo. Secagem dos feixes em "babki" 6-10 dias, recolha, carregamento dos feixes e transporte para a fábrica de linho. Neste caso, a palha é produzida nas fábricas de linho no processo de lóbulo de água em tanques de imersão aquecidos. Os feixes de palha são carregados nas piscinas e vertidos com água quente a 36-38^{0}C durante 6-9 horas, sendo depois mantidos no fluxo de água quente durante 3-5 dias, espremidos e secos. As substâncias pectínicas são decompostas sob a ação da bactéria anaeróbia Bacillus felsi- neus Carbone.

13.5. Peculiaridades da cultura do linho oleaginoso

O linho Mezheumok e, menos frequentemente, o linho encaracolado são utilizados para a produção de sementes oleaginosas. São menos exigentes em termos de humidade e fertilidade do solo, mas mais exigentes em termos de calor do que o linho longan. O linho pode ser cultivado para produção de sementes oleaginosas tanto na estepe florestal como na estepe em solos de chernozem e castanheiro.

O linho oleaginoso é semeado em linha ou em linha estreita a uma taxa de 12-15 milhões/ha (50-80 kg/ha). No caso de utilização bilateral para oleaginosas e enfardamento, a taxa de sementeira é aumentada até 90 kg/ha. As plantas são arrancadas na fase de maturação amarela, tricotadas em feixes, secas e debulhadas em debulhadoras de linho. Se os caules não forem utilizados, a ceifa e a debulha são efectuadas no início da maturação completa por ceifeiras-debulhadoras de corte baixo.

CAPÍTULO 14

14. GRAMÍNEAS FORRAGEIRAS PERENES

14.1. Importância, utilização, rendimento gramíneas forrageiras perenes

As gramíneas forrageiras perenes desempenham um papel importante na criação de uma base forrageira sólida para a criação de gado. As plantas perenes, ao contrário das plantas anuais, rebrotam anualmente na primavera a partir dos gomos colocados na zona de renovação, à custa das reservas de nutrientes formadas no ano anterior. A este respeito, as culturas perenes apresentam uma série de vantagens. Com um período de crescimento mais longo, fornecem forragem desde o início da primavera até ao final do outono. Estas plantas aproveitam ao máximo a energia do sol e formam uma grande biomassa, deixando até 10 toneladas/ha de matéria orgânica no solo, incluindo 120-150 kg/ha de azoto. As gramíneas leguminosas perenes são especialmente valiosas a este respeito. A produtividade proteica das leguminosas é 2-3 vezes superior à dos cereais e atinge 2-3 toneladas/ha de proteínas por vegetação, devido à fixação simbiótica do azoto.

As gramíneas perenes protegem eficazmente o solo da erosão, também no início da primavera e no final do outono. Ao deixarem muita matéria orgânica, cultivam solos de baixa fertilidade. Com a ajuda destas culturas, é possível efetuar a fitomelhoria, utilizando, por exemplo, ervilhaca em solos salinos e tremoço em solos ácidos.

O custo de 1 k.u. e 1 kg de proteína digestível de gramíneas perenes é várias vezes inferior ao das gramíneas anuais. Os custos de cultivo são significativamente reduzidos, uma vez que não há necessidade de lavoura e sementeira anuais.

As gramíneas perenes são utilizadas para feno, forragem, farinha de erva, silagem, massa verde e como cultura de pastagem. Algumas delas (sanfeno, ervilhaca de leite) são boas melíferas.

Valor alimentar. Um quilograma de feno de gramíneas perenes contém em média 0,5 k.u., de 16 a 21% de proteínas brutas na matéria seca de gramíneas leguminosas e 9-14% de proteínas na matéria seca de gramíneas cerealíferas. As espécies mais ricas em proteínas são a alfafa variegada (21%), o trevo rasteiro (21%), a erva de cabra oriental (20%), a ervilhaca de leite (20%), a erva-dos-chifres (18%), o sanfeno (16%), o trevo dos prados (16%). Nas gramíneas cerealíferas, o teor de proteínas diminui para 14% no capim-bromo e no rabo-de-gato dos prados, 13 na festuca dos prados, 11 na erva-do-trigo e 9% na erva-do-trigo. As gramíneas leguminosas caracterizam-se por um elevado teor de aminoácidos essenciais (50-70 g por 1 kg de matéria seca). A massa verde é uma boa forragem vitamínica. A alfafa é especialmente valiosa a este respeito. Trata-se de uma forragem multivitamínica. Em 1 kg de massa verde de luzerna contém 50 mg de caroteno (provitamina A), 20 mg de vitamina C, 5 mg de vitamina B.

As gramíneas leguminosas têm uma digestibilidade elevada (63-75%), enquanto os cereais têm uma digestibilidade de 52-61%. Culturas como o trevo, a luzerna, o ouriço-cacheiro e a festuca têm uma excelente digestibilidade. A digestibilidade da erva-de-trigo, da erva-de-são-joão, da erva-de-bromo e do sanfeno é boa, enquanto a do meliloto é satisfatória, pois tem um elevado teor de cumarina (uma substância orgânica aromática com um odor específico). A presença de cumarina nas plantas é menor ao fim da tarde e de manhã, bem como na fase de abrolhamento. A comensalidade do meliloto aumenta quando alimentado em mistura com cereais e quando ensilado.

As gramíneas perenes caracterizam-se por uma elevada produtividade. As mais produtivas são a luzerna azul, o trevo dos prados, a ervilhaca branca, o sanfeno das areias, o rabo-de-gato dos prados, o ouriço-cacheiro, a erva de trigo azul e sem raízes e a festuca dos juncos. Podem produzir de 3-8 a 10 toneladas/ha de feno. A luzerna azul, por exemplo, devido à sua elevada capacidade de recrescimento após a ceifa na Ásia Central sob irrigação, pode produzir 5 colheitas e até 20 toneladas/ha de matéria seca.

O trevo cor-de-rosa, a luzerna amarela, a festuca dos prados, a madressilva das cristas e o lom kokolosnyk sitnikovy são considerados menos produtivos (em 30%).

O rendimento médio das gramíneas perenes para feno continua a ser bastante baixo e ascende a 1,5 toneladas/ha na região.

14.2. Caracterização botânica

Quando se utilizam culturas perenes na produção, é muito importante conhecer as caraterísticas distintivas das suas sementes, folhas, inflorescências e frutos (Quadros 37-39, Fig. 16-18).

As flores das gramíneas da família das leguminosas são do tipo traça, assexuadas. São constituídas por cinco pétalas (uma vela, dois remos e um barco) e cinco sépalas. Predomina a polinização cruzada por insectos.

Caraterísticas distintivas das sementes de gramíneas forrageiras da família das leguminosas

Gramíneas perenes da família das leguminosas				
tipo	tamanho, mm	molde	superfície	coloração
Trevo vermelho Trifolium pretense L.	1,7-2,2	Em forma de coração, torto	Brilhante	Amarelo e roxo
Trevo rosa (híbrido, sueco) Trifolium hybridum L.	1-1,25	Em forma de coração, regular	O mesmo	Verde escuro, quase preto.
Trevo branco (rasteiro) Trifolium repens L.	1-1,25	O mesmo	O mesmo	Amarelo, castanho
Alfafa (azul) Medicado sativa L.	2,2-2,5	Em forma de rim, menos	Mate	Amarelo-acinzentado,

		frequentemente em forma de coração		castanho-claro.
Alfafa amarela (foice) Medicago falcate	1,75-2	Lóbulos em forma de coração	O mesmo	amarelo acinzentado
Alfafa variegada Medicago varia	2,2-2,5	Em forma de rim	O mesmo	amarelo acinzentado
Sanfeno viciafolia Onobrychis viciafolia Sc.	6-7	Lóbulos fracos	Suave	Castanho-esverdeado
Sanfeno da areia Onobrychis arenaria D.C.	6-7	O mesmo	O mesmo	O mesmo
Branco Melilotus albus Desr.	1,7-1,9	Em forma de foice com uma saliência de fricção	Mate, menos frequentemente ligeiramente brilhante	Amarelo-esverdeado
Melilotus officinalis Desr.	O mesmo	O mesmo	O mesmo	O mesmo
Erva-de-cabra-oriental Galega orientalis Lam.	3-5	Em forma de rim	Mate	Amarelo-esverdeado
Fritilária cornuda Lotus comiculatus L.	1,1-1,4	Ligeiramente lobada, arredondada.	Mate	Castanho, menos frequentemente verde

Caraterísticas distintivas das gramíneas perenes da família das leguminosas

Ver	Tipo de folha	Folhas, caule	Inflorescência	Flores	Frutos
1	2	3	4	5	6
Trevo dos prados	triplo	Ovoide com padrão triangular, não serrilhado, em talo curto, caule direito	A cabeça é globular ou oval na parte superior dos caules	Flores sésseis vermelhas, vermelho-púrpura	Feijão de 1 a 2 sementes com forma ovoide arredondada
Trevo cor-de-rosa	triplo	Rômbico, oval, serrilhado, em pedúnculo curto, caule ereto	A cabeça é globular ou oval, emergindo das axilas das folhas	Rosa pálido, flores em pedicelos	O mesmo
Trevo branco	triplo	Ovoide com padrão triangular, serrilhado, em pedicelo curto, caule pedunculado	A cabeça é globular, emergindo das axilas das folhas	Flores brancas em pedicelos	O mesmo
Alfafa azul	triplo	Elíptica, obovada, com nervuras	O pincel é curto, grosso,	Roxo e roxo escuro	Bob com fecho de correr em

		salientes, ápice entalhado, folha média num pedicelo mais comprido, arbusto ereto	denso e cilíndrico		espiral, 2,5-4 voltas

1	2	3	4	5	6
Alfafa amarela	triplo	Elongado-elíptico, estreitamente lanceolado, com nervuras salientes, ápice entalhado, folha do meio num pedicelo mais longo, arbusto colapsado	O pincel é curto, grosso, denso, em forma de cabeça	Amarelos	A cana é em forma de foice ou reta
Alfafa variegada	triplo	Elíptica a lanceolada, com o ápice entalhado, com uma nervura saliente, folíolo médio num pedicelo mais longo, arbusto elevado	O pincel é curto, grosso, denso, cilíndrico ou em forma de cabeça,	Violeta claro, lilás, amarelo, ocorrem cores diferentes (azul, amarelo)	Bob torcido em espiral, 2-3 voltas
Sainfoin	Sem folhas	Lanceoladas, com o ápice acuminado, margens inteiras	Escova longa, delgada, solta, finamente pontiaguda para o ápice	Cor-de-rosa, pequeno, em pedicelos curtos, vela mais curta ou igual ao barco.	Bob arredondado com abas firmemente unidas, 4,5-5 mm, com dentes curtos

1	2	3	4	5	6
Sainfoin vicolabial	Sem folhas	Elíptica, de ponta-cabeça	A escova ovoide é densa	Rosa, em pedicelos curtos, a vela é mais comprida do que o barco	Bob arredondado com dentes de tamanho médio (0,5-1 mm)
Ervilhaca branca	triplo	Oval largo, esparsamente	A escova é longa e fina	Flores brancas em	Bob elíptico elíptico

		serrilhado nas margens, com nervuras salientes, folíolo médio sobre um pedicelo mais longo		pedicelos curtos	reticulado superfície enrugada
Donna amarelo	triplo	Arredondado-ovalado, serrilhado nas margens, com nervuras salientes, folíolo médio sobre um pedicelo mais longo	A escova é longa e fina	Amarelo, em pedicelos curtos	Feijão de forma ovoide, com rugas transversais
Erva-de-cabra-oriental	Sem folhas	Elíptica	Escova	Azul-violeta	O feijão não está rachado
Nêspera com chifres	triplo	Obovadas, irregularmente romboidais, lanceoladas, pequenas, serrilhadas em pedicelos idênticos	Cabeça em forma de guarda-chuva com 5-8 flores	Pequeno, amarelo vivo	Feijão com várias sementes que racha na maturidade

Caraterísticas distintivas das sementes de gramíneas forrageiras da família das gramíneas azuis

Ver	Valor, MM	Forma	Sturgeonek	Awns ou acuminações ósseas	Escamas de flores
1	2	3	4	5	6
Timofeevk a prado Phleum pratense L.	1,5-1,75	ovoide	Ausente	Ausência de ets	Não refletor, prateado.
Festuca dos prados Festuca pratense Huds.	6-7	Lancet	Reta, 2 mm de comprimento	Ausente	Escamas internas grosseiras, em forma de barco, cinzento-esverdeadas
Azevém de pastagem Lolium perenne L.	5,5-6,5	Lancet	Plano, largo na parte superior, 1,5-2 mm	Ausente	O mesmo
Bromas inennis L.	9-12	Lanceolado largo	Reta, redonda, biselada, 3 mm	Ausente	As escamas exteriores são largas na parte superior, de cor

					cinzenta escura, menos frequentemente esverdeada, púrpura
Ouriço-cacheiro Dactylis glomerata L.	5-7	Triangular	Reta, redonda, 1 mm de comprimento	1 mm de ponta de osso	Escamas exteriores com quilha, de cor amarela clara
Erva de trigo sem raízes Roegneria trachycaulon Nevski.	8-11	Lancet	Saliente, largo na parte superior, 1 mm	Acumulações ósseas de 2 a 3 mm	Escamas exteriores sem quilha, de coloração amarela clara

1	2	3	4	5	6
Agropyron cri statura Gaerth.	5-6	Lancet	Saliente, largo na parte superior com uma fossa	Acumulações ósseas de 3 a 4 mm	Escamas exteriores em forma de pena de ganso de cor amarela clara
Agropyron pectinifonne Agropyron pectinifonne R.	5-6	Lancet	O mesmo	O mesmo	Amarelo claro
Azevém do deserto Agropyron desertorum R.	4-5	Lancet	O mesmo	Cúspides ósseas de 3 mm.	Verde pálido
Azevém da Sibéria Agropyron sibiricum R.B.	4-5	Lancet	O mesmo	Acumulações ósseas de 1 mm	Verde pálido
Azevém alto Arrhenaterum elatius M.etK.	8-10	Lancet	-	Espigas a partir da base das escamas em manivela 15-20 mm	Escamas na base com pêlos longos, verde-amareladas claras.
Azevém multiflorum Lolium multiflorum Lam.	6-6,5	Lancet	Plano, largo na parte superior, 1,5-2 mm	Arbusto na parte superior das escamas, 5-6 mm	Escamas interiores ciliadas nos bordos, escamas cinzento-esverdeadas
Elyinus sibiriens L. sibiriensis L.	5-12	Lancet	-	Espigas na parte superior das escamas com	Escamas internas sem cílios, escamas cinzentas

				um comprimento até 25 mm	esverdeadas

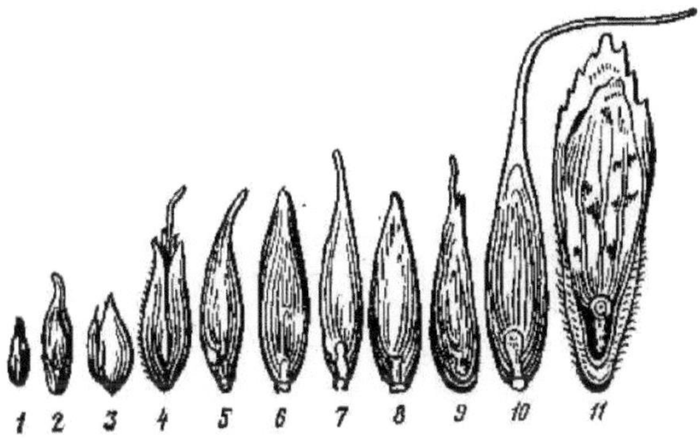

Figura 16. Sementes de ervas azuis perenes:
1 - erva-dos-campos-branca; 2 - erva-dos-prados-azuis; 3 - erva-dos-prados-dos-prados-timóteos;
4 - rabo-de-raposa dos prados; 5 - ouriço-cacheiro; 6 - festuca dos prados;
7 - erva de trigo sem raízes; 8 - azevém de pastagem;
9 - Erva-de-crista; 10 - Erva-peluda-siberiana;
11 - bromegrass sem toldos

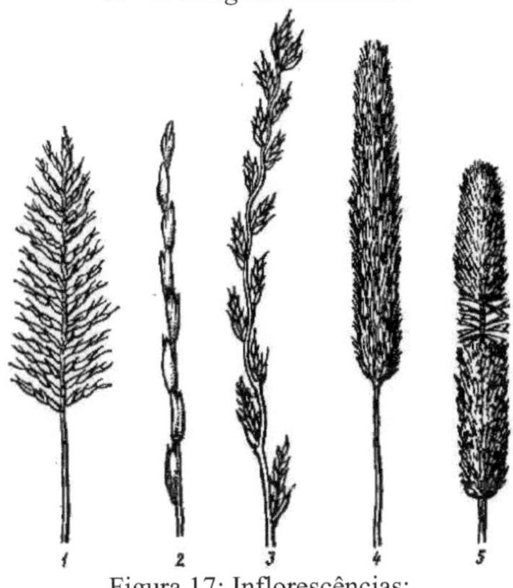

Figura 17: Inflorescências:
1 - espigueta de erva de trigo; 2 - espigueta de erva de trigo sem raízes; 3 - espigueta de azevém de pastagem; 4 - panícula de espiguetas de rabo-de-raposa dos prados; 5 - panícula de espiguetas rabo-de-gato dos prados

Fig. 18. Inflorescências (panículas):
1 - erva-azul; 2 - erva-de-são-joão; 3 - bromo sem toldos; 4 - festuca dos prados; 5 - sebe

14.3. Caraterísticas biológicas gramíneas forrageiras perenes

A principal caraterística das gramíneas perenes é a capacidade de rebrotar após o inverno ou a ceifa, devido à reserva de substâncias plásticas e de gomos colocados na zona de regeneração. No caso dos cereais, trata-se do nó de perfilhamento ou rizoma e, no caso das leguminosas, do colo da raiz (coroa) - a parte de transição entre a raiz e o caule. No primeiro ano, as plantas produzem até três rebentos, no segundo ano - 15-17, no terceiro ano - 20 e mais. Cada rebento vive durante um ano (ou até à ceifa), no inverno - morre, mas o sistema radicular e a zona de renovação são preservados. A resistência invernal da cultura depende da profundidade desta zona. Por exemplo, no trevo, o colo da raiz está próximo da superfície do solo, no primeiro ano - a uma profundidade de 1 cm, nos anos seguintes - a uma profundidade de 4 cm. Na alfafa azul e azul - 7-10 cm, na alfafa amarela - afunda 28 cm com a idade. Por conseguinte, o trevo é menos resistente ao inverno do que a luzerna e a relva.

As gramíneas crescem até uma altura de 5-6 cm, pelo que não devem ser ceifadas a uma altura inferior a 5-6 cm. Os botões generativos no cone de crescimento formam-se ligeiramente mais alto do que os botões vegetativos, pelo que, antes da colheita para semente, é preferível ceifar as ervas a uma altura de 10 cm, de modo a que os rebentos generativos se formem em maior medida.

Na primavera e após a ceifa, o crescimento ocorre à custa das reservas de nutrientes. Para uma melhor hibernação e maior preservação das plantas, é necessária uma grande reserva de substâncias plásticas. Quanto mais elevada for a concentração de seiva celular devido ao elevado teor de sacarose (até 35% de ASV), mais baixo será o ponto de congelação da seiva celular e mais resistentes serão as plantas às geadas. Para que as plantas tenham tempo de se submeter ao processo de endurecimento e de criar botões de renovação, a última ceifa deve ser efectuada o mais tardar 30 dias antes do início de um tempo frio estável. Na Sibéria, este prazo é o fim de agosto. Para uma melhor hibernação, a roseta radicular deve ter pelo menos 5-6 folhas.

Dos elementos nutritivos, o fósforo e o potássio aumentam sobretudo a robustez invernal das plantas, enquanto a nutrição predominante com azoto reduz a robustez invernal. As ervas que crescem demasiado no outono devem ser cortadas para evitar a sua morte.

Requisitos de calor. As sementes da maioria das gramíneas perenes germinam a uma temperatura mínima de +1...+20C, os rebentos viáveis aparecem a +5...+6, a temperatura óptima para este período é de +15...+200C. Os rebentos toleram as geadas
-6$^{(0)}$C. O ideal para o crescimento é +20.+25^{0}C. No outono, o crescimento e o desenvolvimento param a temperaturas inferiores a +5^{0}C, e na primavera, o crescimento recomeça a +5^{0}C. A soma das temperaturas activas para a formação da primeira colheita para feno é de 800-950^{0}C, e para a segunda colheita - 600-800, para a produção de sementes - 1500-2100^{0}C.

A capacidade de resistir às baixas temperaturas invernais é de grande importância para as culturas perenes. As mais resistentes à geada e ao inverno são a luzerna amarela, a luzerna híbrida amarela, a luzerna variegada, o sanfeno siberiano, o sanfeno amarelo, a luzerna azul, o sanfeno de areia e o sanfeno branco. O trevo-dos-prados e o trevo-rosado são pouco resistentes ao inverno. O trevo-dos-prados resiste no primeiro ano de vida até -15^{0}C; no segundo ano, a esta temperatura, fica reduzido a metade. O sanfeno e a luzerna resistem a temperaturas até -20.-30^{0}C com uma boa cobertura de neve de pelo menos 20 cm.

As gramíneas perenes da família das gramíneas azuis são mais resistentes ao inverno, no entanto, o ouriço tem uma resistência invernal insuficientemente elevada.

Requisitos de humidade. As gramíneas da família das leguminosas tendem a gostar mais de água. Requerem até 120% do peso da semente em água durante a germinação. O período crítico em relação à humidade é a fase de rebentação e o período de rebentação após o corte. A humidade óptima do solo é de 80-60% do NV. Na produção de sementes, é necessário um teor de humidade mais moderado para evitar o crescimento excessivo das plantas em detrimento da produção de sementes. O consumo de água das culturas perenes é elevado. O coeficiente de transpiração é de 800 a 1500.

As gramíneas com elevada tolerância à seca incluem o capim-trigo, o capim-trigo, o capim-bromélia, o capim-bromélia, o capim-santo, a luzerna, especialmente a luzerna amarela, a luzerna híbrida amarela e a luzerna variegada. A luzerna, por exemplo, é resistente à seca devido ao

seu sistema radicular potente e bem ramificado de até 3 metros ou mais, capaz de extrair água dos horizontes profundos do solo.
Considera-se que o trevo, a ladveneta, a erva-de-cabra, a timofeevka, o rabo-de-raposa, a erva-azul e o azevém gostam mais de humidade.
Os solos mais tolerantes ao sal são considerados os de arbustos frágeis, madressilva, relva e luzerna. Em solos ácidos (pH 4,5-5,5), o tremoço perene, o trevo-rosado, o trevo-de-chifres, a erva-dos-prados, a erva-dos-prados e o meliloto crescem relativamente bem.
As gramíneas da família das leguminosas são mais exigentes em elementos nutricionais como o fósforo, o potássio, o molibdénio e o boro, e o rendimento das gramíneas azuis é mais dependente do azoto.
Todas estas culturas são consideradas plantas que gostam de luz e de dias longos. Quando semeadas sob coberto, as liadvenetas e o trevo resistem melhor à sombra e um pouco pior - a luzerna e o sanfeno.
Tendo em conta as caraterísticas biológicas das gramíneas forrageiras, é necessário selecionar a composição correta das espécies e a zona de cultivo das gramíneas em determinadas zonas edafoclimáticas. Em geral, é necessário dar preferência às gramíneas da família das leguminosas como culturas mais valiosas com maior teor de proteínas, enriquecendo o solo com azoto. Recomenda-se o cultivo de trevo nas zonas taiga e sub-taiga, por ser uma zona mais dependente da humidade nos prados, em solos ácidos - trevo-rosado, trevo-de-chifres, nas terras secas abertas e nas encostas meridionais da sub-taiga - alfafa híbrida azul, alfafa híbrida variegada, meliloto, erva-de-bromo, ouriço-cacheiro, nas depressões - rabo-de-gato dos prados. Na estepe florestal meridional - alfafa híbrida azul, híbrida pestriada, sanfeno, meliloto, festuca dos prados, erva-de-bromo, erva-de-trigo sem raízes. Na estepe, é necessário escolher culturas mais resistentes à seca - luzerna híbrida variegada, híbrida amarela, sanfeno húngaro, sanfeno, relva, festuca dos prados, erva-de-bromo, erva frágil. No caso da irrigação, é preferível utilizar a luzerna azul em estado puro, uma vez que se trata de uma cultura que proporciona o número máximo de cortes.

14.4. Tecnologia de cultivo para fins forrageiros

Lugar na rotação de culturas. As gramíneas perenes são incluídas na rotação principal da rotação de culturas com um período de utilização de pelo menos 2 anos, sendo também cultivadas em campos de retirada de 7 a 10 anos num campo. Os bons precursores das gramíneas perenes são os cereais de inverno e de primavera, as culturas em pousio, as culturas em linha, exceto a beterraba, e as gramíneas forrageiras anuais. A colocação de sementeiras em pousio é economicamente favorável.
Lavoura. A maior parte das espécies de gramíneas perenes desenvolve um poderoso sistema radicular de 1 a 3 metros, pelo que a principal

mobilização do solo é efectuada a partir do outono a uma profundidade de 25-30 cm, a aiveca ou o plantio direto - para áreas propensas à erosão.
A lavoura com pré-tratamento do restolho após os antecessores do restolho é mais qualitativa.
No sistema de plantio direto, um restolho mais alto (15-18 cm) favorecerá uma maior acumulação de neve. Nos campos inclinados, o corte ao longo da encosta é eficaz para uma melhor acumulação de humidade. A gradagem no início da primavera é necessária para conservar a humidade na primavera. O cultivo raso (3-4 cm) antes da sementeira deve ser efectuado com cultivadores com dentes planos, uma vez que criam uma sola densa, cortam bem as ervas daninhas e não voltam a camada de solo húmido para a superfície.
As gramíneas perenes têm sementes muito pequenas, pelo que o solo deve ser bem nivelado. A cultura pré-sementeira é combinada com a gradagem e o revolvimento.
Sementeira. As culturas forrageiras perenes são frequentemente semeadas sob a cobertura de culturas anuais, porque as gramíneas perenes são de crescimento lento e têm baixa produtividade no ano da sementeira. No primeiro ano, a cultura de cobertura produz uma colheita completa, enquanto as gramíneas perenes produzem a partir do segundo ano. A vantagem das culturas de cobertura é que as gramíneas de crescimento lento não são capazes de resistir às ervas daninhas, e é menos provável que sejam infestadas sob cobertura. O restolho de uma cultura de cobertura retém melhor a neve. Mas, do ponto de vista da biologia do desenvolvimento, as gramíneas sob coberto carecem de luz, água e elementos nutritivos, pelo que, na primavera do ano seguinte, crescem menos e são mais desbastadas do que as culturas não cobertas. Para minimizar estes efeitos negativos das culturas de cobertura, é necessário escolher a cultura de cobertura correta, que deve sombrear minimamente as gramíneas perenes. Neste sentido, as culturas de inverno são piores do que as culturas de primavera, pois são mais arbustivas, alojam-se frequentemente e ensombram as gramíneas. Entre as culturas de primavera, a aveia como cultura de cobertura pode ser um pouco pior do que o trigo e a cevada. Isto deve-se ao facto de a aveia ser mais arbustiva, de as suas folhas morrerem mais tarde e de, nos Outonos húmidos, poderem voltar a crescer. Por conseguinte, as gramíneas ficam mais deprimidas sob a cobertura da aveia.
A cultura de cobertura deve ser colhida cedo, para que as gramíneas, depois de emergirem debaixo da cobertura, tenham tempo para se desenvolverem suficientemente e acumularem nutrientes para um inverno bem sucedido. As misturas de leguminosas e aveia são colhidas cedo para obter massa verde. Podem ser utilizadas como cobertura para

a sementeira precoce de gramíneas perenes. Para as sementeiras tardias, podem ser utilizadas como cobertura culturas semelhantes ao milho para a massa verde (painço forrageiro, erva do Sudão). As culturas do tipo milheto, com uma taxa de desenvolvimento lenta nas fases iniciais, oprimem menos as gramíneas perenes no início da vegetação. As gramíneas perenes são menos oprimidas se forem semeadas em filas largas de culturas de cobertura semeadas em filas com um espaçamento entre filas de 30 cm.

A taxa de sementeira da cultura de cobertura deve ser reduzida em 20-30%. Não devem ser aplicados fertilizantes azotados.

Nas zonas de estepe, os melhores resultados são obtidos através da sementeira sem cobertura de gramíneas perenes. Em zonas de humidade suficiente e moderada, bem como sob irrigação, é possível a sementeira compactada. Por exemplo, após a colheita do centeio de inverno ou da mistura de ervilha e aveia para obtenção de massa verde em junho, procede-se à gradagem, ao revolvimento e à sementeira da luzerna.

A germinação das sementes de gramíneas perenes é controlada antes da sementeira. As sementes que não germinam mudam de cor. As sementes amarelas e castanhas de luzerna e de trevo têm uma germinação reduzida. Se num lote de sementes de gramíneas leguminosas houver mais de 20% de sementes duras, as sementes são escarificadas utilizando escarificadores, trituradores, trituradores de trevo, não antes de 1-2 semanas antes da sementeira. É eficaz o aquecimento térmico das sementes ao sol durante 5-7 dias ou em secadores a temperaturas até $+40^{0}$C. Para prevenir doenças, as sementes devem ser tratadas com preparações sistémicas 20-30 dias antes da sementeira. Para uma fixação simbiótica de azoto mais eficaz, as sementes de leguminosas devem ser inoculadas, especialmente se a cultura for semeada no campo pela primeira vez. As preparações utilizadas para este efeito (nitragyn, rhizotor-fin) contêm estirpes de bactérias nodulares específicas para cada cultura. Utilizam-se 200 g do preparado por 1 kg de sementes. A molibdenização das sementes também é eficaz, especialmente quando a sementeira é efectuada em solos ácidos. Consumo do preparado - 70 g de amónio molibdénio-ácido por 1 kg de sementes. Na sementeira em solos neutros, utilizar 40 g/tonelada de sementes de ácido bórico. O tratamento com preparações bacterianas é efectuado no dia da sementeira, sem acesso à luz solar, não combinando com o molho.

Ao selecionar as datas de sementeira, é importante que as sementes entrem numa camada de solo húmido. Nas zonas sub-taiga e de estepe florestal, é preferível semear gramíneas perenes no início da primavera, sob a cobertura de culturas colhidas cedo. Nas zonas de estepe, onde o solo seca no início da primavera, podem ser utilizadas as datas de sementeira de verão, programando a sementeira para coincidir com a precipitação maciça, mas semeando sem cobertura.

Para obter um rendimento elevado de gramíneas perenes para fins forrageiros, a densidade do povoamento de plantas deve ser de 2-3 milhões/ha. Para obter um povoamento completo de gramíneas, são semeados 5-6 milhões/ha de sementes na estepe, 6-7 milhões/ha na floresta-estepe e até 7-8 milhões/ha no sopé das montanhas e em regadio. As razões para o aumento de 3 a 4 vezes do número de sementes semeadas são a baixa germinação no campo das culturas de sementes pequenas, a má preparação do solo antes da sementeira e a profundidade irregular da colocação das sementes. As sementes de gramíneas pequenas (com o peso de 1000 sementes 1,5-2 g) germinam bem a uma profundidade de 1 -2 cm. Metade das sementes não germinam a partir de uma profundidade de 3 cm, e sementes únicas germinam a partir de uma profundidade de 4 cm. Muitas vezes, quando se semeia em solo não nivelado e não revolvido, utilizando discos, as sementes caem na camada de solo de 0-7 cm e apenas 20% delas germinam. Por conseguinte, a taxa de sementeira é significativamente aumentada (Quadro 40).

Tabela 40

Taxa de sementeira de sementes de gramíneas perenes a 100 por cento da capacidade de sementeira

Tipos	Taxa de sementeira, kg/ha		Pureza, %	Germinação presente,%
	com sementeira dispersa	com sementeira em linha	iya semestres	lyan- arnye
Trevo dos prados	15	14	92	75
Trevo cor-de-rosa	10	9	92	70
Trevo branco	10	9	88	70
Alfafa azul	14	12	92	80
Alfafa amarela	10	8	92	70
Ervilhaca branca	22	18	94	80
Sainfoin	90	80	96	75
Nêspera com chifres	12	10	90	75
Prado de Timóteo	12	10	90	75
Festuca dos prados	25	18	92	80
Um ouriço-cacheiro	20	18	90	70
Azevém alto	28	20	95	75
Azevém	25	18	92	75
Azevém perene	28	20	92	80
erva-de-são-joão	28	22	92	75
Azevém com crista	12	10	95	80
Relva azul do Kentucky	13	13	85	60

Volésia branca	11	10	80	75
Rabo de raposa dos prados	20	16	80	70
Caninha da Sibéria	25	20	92	75
Erva de trigo sem raízes	20	16	92	75

Aumentar significativamente a taxa de sementeira também porque durante o período de invernada as plantas estão a desbastar, especialmente em caso de agrotecnia deficiente. A profundidade de sementeira é de 2-3 cm em solos leves, 0,5-1 cm em solos pesados. As sementes de culturas de cobertura são semeadas a 5-6 cm de profundidade.

O método de sementeira das gramíneas perenes é de grande importância. É importante que as sementes de gramíneas não caiam na mesma linha com as sementes da cultura de cobertura, por isso é melhor semear o método de sementeira entre linhas, utilizando semeadores de gramíneas (SZT-3,6), nos quais a sementeira de culturas de cobertura e perenes é realizada a partir de diferentes caixas e coulters na alternância de linhas de culturas de cobertura e gramíneas em 7,5 cm. Na ausência de tais semeadores, a sementeira pode ser efectuada em cruz: primeiro a cultura de cobertura - a uma profundidade de 6-7 cm, e depois no solo revolvido - as gramíneas a uma profundidade de 1-2 cm. Na sementeira de gramíneas sob as culturas de inverno na primavera, utilizam-se semeadores de disco sobre as culturas de inverno, procedendo-se depois à gradagem. O melhor regime de iluminação da cultura de cobertura é proporcionado quando a direção das linhas da cultura de cobertura é de norte para sul, e as gramíneas - perpendiculares. A cultura de cobertura também é semeada em linhas dispersas, utilizando semeadores de cereais convencionais com máquinas de semear fertilizantes. A cultura de cobertura é semeada em linhas e as sementes de gramíneas são espalhadas entre as linhas através de tubos de sementes retirados das relhas, sendo o solo revolvido. Para manter a taxa de sementeira das gramíneas na sementeira com semeadores de cereais, as sementes são misturadas no dia da sementeira com lastro, utilizando para o efeito, peneirado através de uma peneira, superfosfato 20-25 kg / ha para os cereais e 10-15 kg / ha - para as leguminosas.

É possível semear sob a cobertura de inverno, no final do degelo da primavera, em solo congelado, através de um método de espalhamento. As sementes assentam na camada superior do solo após o derretimento da neve a uma profundidade óptima de 1 cm.

As sementes de culturas de cobertura e de gramíneas não devem ser misturadas na mesma caixa de sementes, uma vez que as gramíneas leguminosas têm sementes muito friáveis e os cereais têm o oposto.

Quando a sementeira é efectuada no verão, os tufos de mostarda podem ser semeados a 8-12 metros de distância dos ventos dominantes. Também é possível utilizar tufos dispersos, semeando 300-400 g/ha de mostarda, misturando-a com uma taxa hectare de erva e semeando em conjunto.

Fertilizantes. As gramíneas perenes respondem muito bem aos fertilizantes. As leguminosas em boas condições de fixação de azoto respondem menos aos adubos azotados e são mais exigentes em fósforo e potássio. O fósforo e o potássio são aplicados sob a lavoura principal a partir do outono a 60 kg d.v. / ha para cada elemento na zona subtaiga, na floresta-estepe e estepe - fósforo 60 kg d.v. / ha. Na sementeira em linha é eficaz o adubo fosfórico 10-15 kg d.v./ha. Se o fertilizante não tiver sido aplicado ao stock, o adubo de cobertura no segundo ano e nos anos seguintes, no início da primavera, é eficaz. As gramíneas leguminosas são melhor alimentadas com fertilizantes de fósforo e potássio 30-40 kg d.v./ha, mas não de forma dispersa, e cortando-os nas gramíneas de relva cortadores planos - fertilizantes. Os cereais podem ser alimentados com fertilizante mineral ou azotado completo, também a 30-40 kg d.v./ha. Fertilizar as misturas de relva, tendo em conta a proporção dos componentes. Se o componente leguminoso predominar (mais de 50%), a fim de não suprimir a atividade fixadora de azoto das bactérias nodulares, o fertilizante deve ser aplicado como para as gramíneas leguminosas. Se a componente cerealífera predominar, a fertilização deve ser efectuada como para as gramíneas cerealíferas.

Os cuidados a ter com as culturas incluem o seguinte: revolvimento antes e depois da sementeira; destruição da crosta do solo por órgãos rotativos; gradagem pré-emergência com grades ligeiras; colheita atempada da cultura de cobertura com um corte alto (15-20 cm); quando a colheita é para grão, a palha deve ser colhida imediatamente; adubação de cobertura e gradagem após o corte; ceifa das ervas daninhas; corte das lacunas no final do outono; ressementeira de gramíneas muito desbastadas na primavera.

O rejuvenescimento dos povoamentos de alfafa e de erva-dos-campos também é efectuado a partir do terceiro ano de vida, utilizando a trituração a uma profundidade de 4-5 cm com um ângulo de ataque de até 25 graus. Neste caso, é permitido o corte parcial do colo da raiz, o que leva ao início da germinação de botões de renovação adicionais, o surgimento de novos rebentos. Esta técnica é eficaz quando o solo está húmido e contém elementos nutritivos suficientes. A retenção da neve é efectuada através da compactação da neve com rolos de anel.

Colheita e colheita de forragem. A altura de corte ideal para fins forrageiros é de 5-6 cm, e para gramíneas de caule alto (por exemplo, relva) - 12-14 cm. Recomenda-se uma altura de corte mais elevada de 8-

10 cm no primeiro ano de vida, bem como se a erva for colhida para sementes no ano seguinte.

Aquando da colheita para feno, feno-lagem, silagem, as gramíneas perenes são cortadas na fase de abrolhamento e floração. Para forragem verde e farinha de erva, é preferível cortar as gramíneas leguminosas no início do abrolhamento, quando as plantas têm a quantidade máxima de nutrientes e caroteno. Desde a ramificação até à plena floração e mais tarde, as leguminosas aumentam o seu teor de fibras de 15 para 35%, enquanto o teor de proteínas e de caroteno diminui de 28 para 17% e de 478 para 273 mg/kg de matéria seca, respetivamente. Além disso, durante a fase de floração, a proporção de caules aumenta e a proporção de folhas diminui, enquanto as folhas têm 23 vezes mais proteínas. Os nutrientes encontram-se principalmente nas flores, que têm mais probabilidades de cair aquando da colheita do que as folhas. Mais perto da floração, as doenças (oídio, ferrugem castanha) são mais evidentes nas plantas e a qualidade da forragem deteriora-se. Se a primeira ceifa for atrasada, as plantas voltam a crescer pior e o rendimento da segunda ceifa é significativamente reduzido.

As misturas de relva são ceifadas o mais tardar no início da floração do componente dominante.

O rendimento das gramíneas diminui com o tempo, pois muitas vezes as gramíneas entram no inverno com uma reserva reduzida de nutrientes, não há inseminação, pelo que é melhor utilizar as gramíneas na rotação do feno. Por exemplo, uma rotação de 4 anos com uma única ceifa consiste em dividir o campo em 4 parcelas iguais, e a colheita nestas parcelas é efectuada de acordo com o seguinte esquema: A 1ª é ceifada após a inseminação, a 2ª - antes da floração, a 3ª - na floração, a 4ª - na floração. Nos anos seguintes, segue-se o seguinte esquema (Quadro 41).

Tabela 41

Regime de rotação do feno

Anos	Parcelas			
Ano 1	1	2	3	4
Ano 2	2	3	4	1
Ano 3	3	4	1	2
Ano 4	4	1	2	3

Há muitas maneiras diferentes de colher forragem de gramíneas com sementes.

Feno espalhado. As ervas são ceifadas, secas em faixas, limpas com um ancinho e empilhadas. O feno é empilhado com um teor de humidade de 17%. Com esta humidade, se dermos 20-30 voltas a um feixe de plantas, elas desenrolam-se lentamente e uma pequena parte das plantas parte-se. Quando se coloca feno sobre-seco com um teor de humidade de 15%, há

grandes perdas por estilhaçamento, e o feixe de plantas é totalmente desenrolado, as plantas partem-se. O feno húmido (18-20%) não se conserva bem.
Quando se colhe o feno solto, perdem-se 35-40% dos nutrientes e do caroteno, uma vez que a secagem é efectuada ao sol durante muito tempo.
O corte das gramíneas com condicionamento simultâneo promove uma secagem mais rápida de 1,5 a 2 vezes, uma vez que a integridade dos tecidos é quebrada e a evaporação da humidade é mais rápida. Isto é especialmente verdade para as gramíneas leguminosas, que têm uma secagem mais lenta do que os cereais.
A melhor qualidade do feno é obtida através de ventilação ativa. As plantas cortadas, que foram secas no campo até atingirem um teor de humidade de 45%, são recolhidas e empilhadas no local estacionário em pilhas, na base das quais são instaladas condutas de treliça com ventilação de ar. Uma camada de 2 m de feno é colocada sobre as grelhas durante 3-5 dias e depois até 6 m mais.
O feno prensado é de melhor qualidade, pois preserva melhor as folhas e as flores, o transporte é simplificado e os custos de mão de obra são reduzidos em 2-3 vezes. O feno seco até um teor de humidade de 30% é recolhido por enfardadeiras, prensado em fardos, em rolos, empilhado em estábulos e seco. Todos os tipos de feno devem ser produzidos a partir de misturas de leguminosas e gramíneas ou de gramíneas de cereais.
É preferível preparar feno a partir de gramíneas leguminosas em estado puro. As gramíneas cortadas e murchas no campo até atingirem um teor de humidade de 45-55% são cortadas, transportadas e socadas em valas de feno. A atividade das bactérias anaeróbias putrefativas é impedida através da secagem das gramíneas até 50% de humidade, quando o poder de sucção dos microrganismos é igual ao poder de retenção de água dos colóides nas células, e as bactérias anaeróbias não se multiplicam. A atividade dos fungos aeróbios é impedida pela intensificação da compactação e da selagem dos armazéns de feno. Este método de preparação da forragem é mais caro, pelo que é necessário utilizar gramíneas leguminosas mais nutritivas e ricas em vitaminas, para que a elevada qualidade da forragem justifique os custos. As gramíneas leguminosas têm grandes perdas durante a secagem natural no campo para feno, não são adequadas para silagem em estado puro, porque não têm açúcares suficientes necessários para a formação de ácido durante a decomposição dos açúcares. No entanto, para a fenação, as gramíneas leguminosas são uma boa matéria-prima, uma vez que o feno não é ácido (pH = 5,0) e as proteínas nele contidas são muito bem

conservadas. O feno de boa qualidade é igual à massa verde. 1 kg de feno de gramíneas leguminosas contém 0,3-0,4 k.u., 20% de proteínas, 100-110 mg de caroteno.

O feno vitaminado é produzido a partir de gramíneas leguminosas na fase de rebentação, secas sem luz solar direta sob uma cobertura.

A proteína e o caroteno são melhor preservados na farinha vitaminada, uma vez que a secagem é efectuada muito rapidamente (em 1,5 horas) a alta temperatura em máquinas especiais de farinha vitaminada (AVM). Tendo em conta o seu elevado consumo de energia (220 kg de combustível líquido por 1 tonelada de farinha), apenas são utilizadas para a sua preparação gramíneas leguminosas no final do seu crescimento e rebentação. As plantas são ceifadas, cortadas a 1-3 cm e a farinha é preparada na AVM. 1 kg de farinha de erva contém 0,7-0,9 k.u., 20-25% de proteínas, 250-300 mg de caroteno. Após 6 meses de armazenamento, perde-se 50-75% do caroteno. Para evitar este fenómeno, a farinha de erva é preparada com a adição de antioxidantes, por exemplo, santoquin 200 g por 1 tonelada de farinha. O armazenamento deve ser hermético. O caroteno é bem preservado num ambiente com elevado teor de dióxido de carbono, pelo que os sacos de farinha são cobertos com erva acabada de cortar.

14.5. Vantagens e formulação de misturas de gramíneas

O cultivo de misturas de 2-4 componentes de gramíneas proporciona um aumento de 14-25% no rendimento em comparação com as culturas de uma só espécie. Isto deve-se ao facto de as misturas de gramíneas utilizarem mais plenamente a luz solar, a humidade e os nutrientes, uma vez que os componentes dos cereais e das leguminosas têm arquitecturas diferentes nas partes subterrâneas e acima do solo, bem como uma remoção diferente dos nutrientes do solo. O componente cerealífero, por ser mais resistente a condições desfavoráveis, contribui para rendimentos mais estáveis, especialmente no caso de utilização perene. As gramíneas cerealíferas, com um baixo teor de proteínas, são menos valiosas a este respeito do que as leguminosas, pelo que é preferível utilizá-las numa mistura e, em detrimento da componente leguminosa, obtém-se uma forragem equilibrada em termos de proteínas. As gramíneas leguminosas em estado puro não secam bem nas estacas e perdem mais folhas aquando da produção de feno. As gramíneas leguminosas em estado puro são pouco ensiláveis. A alimentação de grandes quantidades de leguminosas frescas provoca timpanismo nos animais, ao passo que as forragens provenientes de misturas de gramíneas não o provocam. As misturas de gramíneas competem com mais sucesso com as ervas daninhas do que as culturas monoespecíficas, aparentemente devido às diferentes taxas de desenvolvimento dos diferentes componentes. Em utilização perene, as misturas de gramíneas dão um rendimento mais estável e mais elevado, porque se um dos componentes cair, o outro componente repõe o rendimento em falta.

É importante escolher os componentes corretos ao fazer misturas de relva.

1. Devem suprimir-se minimamente umas às outras. Normalmente, os cereais suprimem um pouco as leguminosas. Neste sentido, o melhor componente para o trevo dos prados é o rabo-de-gato dos prados, porque no primeiro ano cresce lentamente e o rendimento é formado principalmente por trevo. No ano seguinte, o trevo diminui consideravelmente e a percentagem de rabo-de-gato aumenta.

2. Os componentes devem estar igualmente bem adaptados às condições ambientais locais. Por exemplo, em solos ácidos, o trevo-rosado é mais adequado para a festuca de rabo-de-gato tolerante aos ácidos. Nas zonas meridionais, uma mistura de trevo com festuca dos prados é mais produtiva devido à maior tolerância à seca da festuca em comparação com o rabo-de-gato, e nas zonas setentrionais, o trevo com rabo-de-gato é mais produtivo devido à maior robustez invernal e tolerância aos ácidos do rabo-de-gato. O melhor componente para a luzerna híbrida azul é o capim-bromélia, mas, em condições de seca, para a luzerna híbrida amarela ou para a luzerna em forma de foice, é o capim-cordeiro, e a luzerna azul dá três colheitas com irrigação, sendo o melhor componente o azevém multilocular, que não é inferior à luzerna em termos de rendimento.

3. Os componentes devem ter a mesma taxa de formação de rendimento, início simultâneo da maturação da colheita, mas é desejável que os seus períodos críticos de humidade e nutrientes não coincidam.

As numerosas variedades de trevo dos prados estão divididas em subespécies (tipos):

- tipo monocultura de inverno, de maturação tardia, que não floresce no primeiro ano de vida, mas que só floresce após o inverno;
- de maturação precoce, em cultura dupla, de tipo primaveril, que, quando semeadas cedo sem cobertura, florescem no primeiro ano.

Na Sibéria Ocidental, o trevo monocultivo de maturação tardia está muito difundido, pois é mais resistente ao inverno. No trevo dos prados de rabo-de-gato, a maturação da colheita, ou seja, o fluxo, coincide com o início da floração do trevo dos prados de inverno de cultura única, enquanto na festuca dos prados o fluxo ocorre 14 dias mais cedo do que no trevo dos prados de rabo-de-gato e coincide com o início da floração do trevo dos prados de primavera de cultura dupla. Neste contexto, o componente ideal para o trevo de cultura única será o rabo-de-gato dos prados e, para o trevo de cultura dupla, a festuca dos prados.

As seguintes regras devem ser observadas aquando da composição de misturas de relva:

1) As misturas de gramíneas devem ser compostas por componentes bem adaptados às condições em que serão cultivadas e que produzam rendimentos elevados;

2) As misturas de gramíneas a curto prazo (2-3 anos de utilização) incluem 2-3 espécies, a médio prazo (4-6 anos de utilização) - 3-5 espécies, a longo prazo (7-10 anos de utilização) - 5-7 espécies;

3) As misturas de gramíneas de curto prazo incluem gramíneas juvenis de maturação precoce que dão o máximo rendimento no 2º ano de vida (trevo dos prados, bluegrass, azevém alto, azevém perene). As misturas de gramíneas de médio e longo prazo incluem gramíneas de média longevidade que dão um rendimento máximo no 2.º e 3.º ano de vida (luzerna, erva-cabra, trevo-rosado, festuca, rabo-de-gato, ouriço-cacheiro, erva-cabelo-siberiana, erva-trigo) e gramíneas de longa longevidade que dão um rendimento máximo no 3.º e 4.º ano de vida (trevo rasteiro, erva-bromélia sem rebordo, madressilva, rabo-de-raposa, erva-azul).

Em zonas mais húmidas, sob irrigação, a parte da componente leguminosa é aumentada, e em condições secas a parte dos cereais, como componente de segurança mais estável, é aumentada. Na utilização para feno, a percentagem da componente leguminosa é aumentada, e na utilização para feno e pastagem - a percentagem de cereais.

Ao calcular a taxa de sementeira, as misturas duplas incluem 70-80% da taxa de sementeira total de cada espécie em estado puro, as misturas triplas - 40-60%.

14.6. Peculiaridades do cultivo de gramíneas perenes para sementes

Atualmente, a necessidade de sementes de gramíneas perenes não é totalmente satisfeita. Uma das razões é o baixo rendimento das plântulas. Na melhor das hipóteses, a produção de sementes de gramíneas deve ser concentrada em explorações de sementes especializadas, com material e base técnica adequados, que recebam sementes de elite de explorações de sementes de elite, as multipliquem e forneçam às explorações sementes de gramíneas para fins forrageiros. As grandes explorações agrícolas podem afetar unidades de produção de sementes especializadas ao cultivo de sementes. As culturas forrageiras podem também ser utilizadas para semente no segundo e terceiro ano de utilização, quando o povoamento de erva está a diminuir, mas a produção de semente de cada planta pode mesmo aumentar.

As parcelas de sementeira são colocadas em pousio em rotações de culturas especializadas. É necessário semear uma cultura e uma variedade de cada grupo de culturas que se infestam mutuamente na rotação de culturas, a fim de excluir a polinização excessiva e a contaminação por impurezas difíceis de separar. Isolamento espacial para as leguminosas - 200 m, para os cereais - 400 m.

No cultivo de trevo, alfafa e outras leguminosas para semente, são escolhidas áreas com relevo mais elevado, nas encostas a sul, e localizadas perto de estacas florestais, cinturas florestais, para que as plantas não cresçam em detrimento da produtividade da semente sob maior disponibilidade de humidade, amadureçam mais rapidamente, sejam melhor polinizadas por insectos.

É preferível semear gramíneas sem cobertura para a semente, embora não se exclua a sementeira em cobertura. Com a sementeira sem cobertura de gramíneas perenes de tipo primaveril, é possível obter uma colheita de sementes no ano da sementeira. As gramíneas de inverno só começam a florescer após o inverno e, portanto, não produzem uma colheita de sementes no ano da sementeira. As gramíneas de inverno incluem o ouriço-cacheiro, a festuca, o rabo-de-raposa, o bromo, a madressilva e o trevo dos prados de maturação tardia. As plantas de primavera ou culturas duplas incluem a luzerna, o trevo dos prados de maturação precoce, o rabo-de-gato e o azevém.

A sementeira em linhas largas com um espaçamento entre linhas de 45-60-70 cm permite, com bom cuidado, obter um rendimento de sementes mais elevado do que a sementeira em linhas, especialmente de gramíneas leguminosas. Por exemplo, o rendimento da luzerna em sementeira em linha é de 0,14 toneladas por hectare, e em sementeira em linha larga - 0,56 toneladas por hectare (de acordo com ANIISKhoz). O rendimento aumenta significativamente devido ao facto de as plantas semeadas em linhas largas se ramificarem melhor, o número de órgãos geradores aumentar, a iluminação, a humidade e o fornecimento de nutrientes e a presença de insectos polinizadores melhorarem. As plantas são mais bem ventiladas, menos doentes e menos afectadas por pragas. Para as gramíneas de cereais, as culturas em linhas largas têm vantagem sobre as culturas em linhas, desde que sejam efectuados tratamentos entre linhas.

A taxa de sementeira para o cultivo de sementes em culturas de fileiras largas é reduzida para 1,5-2 milhões/ha. Os semeadores SZT-3.6, SON-2.8 e SST-12 são utilizados para a sementeira.

Os cuidados com as plantas são os mesmos que nas culturas forrageiras. Em culturas de sementes de linhas largas, o cultivo entre linhas é feito com KRN-4.2. O primeiro tratamento - no início de maio, o segundo - no final de maio a uma profundidade de 4-6 cm, o terceiro - após a colheita das sementes a uma profundidade de 15-20 cm para acumulação de humidade. Os herbicidas são utilizados para controlar as ervas daninhas, os insecticidas são utilizados contra as pragas em caso de aparecimento maciço de pragas.
Peculiaridades da polinização das gramíneas perenes. As leguminosas são plantas de polinização cruzada, polinizadas por insectos. Mas há dificuldades com a polinização. Os frutos só se dão em 10-20% das flores formadas na planta, pelo que o rendimento das sementes de leguminosas é muito baixo (0,5-1 kg/ha em média).
As abelhas cultivadas não polinizam efetivamente a luzerna e o trevo. Na luzerna, o pistilo está disposto numa coluna de nove estames fundidos e um livre. Quando os insectos polinizadores abrem a flor para recolher o néctar, recebem um forte estalido, pelo que as abelhas mais pequenas tentam recolher o néctar de lado, mas não há polinização. Mas os abelhões maiores, bem como as abelhas selvagens - as abelhas cortadeiras ou as abelhas megachile - não têm medo do estalido e polinizam bem a luzerna. As abelhas selvagens constroem células para a prole em buracos de árvores, casas e tocas de minhocas. Atualmente, as megahills são domesticadas, criadas com cassetes em explorações especializadas e utilizadas em culturas de sementes de luzerna.
O trevo é também pouco polinizado pelas abelhas melíferas porque as suas plantas têm um cálice profundo e a probóscide da abelha cultivada não é suficientemente longa. Os abelhões e as abelhas selvagens têm probóscides mais longas e são os principais polinizadores. No trevo primaveril de duas folhas de maturação precoce, a produção de sementes é mais elevada a partir do segundo corte e no trevo de uma folha de maturação tardia após a ceifa, uma vez que as flores posteriores têm cálices mais pequenos e são mais bem polinizadas. Após a ceifa, inicia-se uma ramificação mais ativa, formando-se inflorescências em rebentos adicionais, o que aumenta a produção de sementes. Além disso, a floração é mais amigável, coincide com o verão em massa dos polinizadores, as plantas estão menos alojadas e são menos afectadas pelo consumo de sementes. A ceifa é efectuada no início de junho, quando aparecem os primeiros rebentos.
Para aumentar a intensidade do trabalho das abelhas no trevo, estas são treinadas para cheirar o trevo. Em cada colmeia, de manhã, colocam-se 100 g de xarope de açúcar infundido em flores de trevo. No início da floração, são retiradas 4 famílias de abelhas por 1 ha de culturas de

sementes. A presença de abelhas nas flores aumenta 14 vezes e a produção de sementes - 2-4 vezes. Ao mesmo tempo, recomenda-se a utilização não de insecticidas químicos, mas da preparação biológica Entobacterin, inofensiva para os insectos polinizadores, no controlo de pragas.

Recomenda-se que as culturas de sementes de gramíneas não se afastem mais de 100-150 m dos locais de nidificação dos polinizadores selvagens (bosques, espigões, cinturas florestais). São necessárias rotações de culturas especiais para as culturas de sementes de gramíneas leguminosas, deixando faixas de proteção de 4-6 m entre campos, que não devem ser lavrados durante o período de utilização da rotação de culturas.

Aumenta significativamente o rendimento das sementes de gramíneas leguminosas através da fertilização - pulverização com microelementos, especialmente boro, à medida que a frutificação aumenta. Utiliza-se uma solução de ácido bórico a 0,05%.

Para aumentar a produção de sementes de gramíneas de cereais de polinização cruzada e polinização pelo vento (bromegrass, bromegrass), utiliza-se a polinização artificial adicional arrastando uma corda através da erva em flor.

O rendimento máximo das sementes de gramíneas ocorre no 1-2° ano de utilização. As culturas envelhecidas são mais afectadas por pragas. Por conseguinte, é melhor utilizar as culturas alternando o corte de dois em dois anos para feno e para sementes.

As sementes de gramíneas leguminosas perenes amadurecem esporadicamente, o povoamento de gramíneas tem elevada humidade, a percentagem de frutos da massa total da planta é muito pequena (3-5%). É muito difícil separar as sementes da massa total das plantas, pelo que a colheita é muitas vezes feita separadamente, começando a ceifar as plantas quando 75-80% dos frutos das plantas de luzerna, relva e trevo e 40-50% das plantas de sanfeno ficam castanhos. A ceifa das plantas em faixas é efectuada com a ceifeira ZhRB-4,2 e o cortador de relva E-301. As faixas são recolhidas e debulhadas por ceifeiras-debulhadoras equipadas com o dispositivo PST-10, 54-108 para limpar as bobinas. O conjunto do dispositivo inclui um dispositivo de fricção, telas de malha adicionais, abas de anel das janelas de entrada do ventilador e rodas dentadas substituíveis do acionamento do sem-fim de espiga. A debulha do feijão é efectuada a uma velocidade rígida de 1200-1300 rpm. O espaço entre a plataforma e o tambor é reduzido ao mínimo. As sementes debulhadas através da peneira vão para a tremonha e as sementes não debulhadas vão para o dispositivo de debulha para serem debulhadas novamente. Se existirem secadores na exploração agrícola, é preferível colher as sementes de leguminosas diretamente, sendo as plantas ceifadas transportadas para o veículo de transporte e posteriormente secas e debulhadas na instalação fixa. Isto reduz significativamente as perdas. A colheita direta com pré-dessecação com Reglon está também a ser introduzida.

As sementes de gramíneas de cereais desintegram-se facilmente após a maturação.

São colhidas diretamente ou separadamente. A colheita deve ser efectuada com o corte máximo. As sementes de gramíneas da família das gramíneas azuis têm uma maior capacidade de flutuação, pelo que é necessário regular o fluxo de ar da ventoinha e selar bem a ceifeira-debulhadora.

Antes da limpeza, a sementeira é passada por um triturador de trevo para limpar as sementes do feijão e dos restolhos de leguminosas, bem como para quebrar as espiguetas não debulhadas e aumentar o volume dos cereais. Na ausência de trituradores de trevo, o teddy é passado duas vezes pelo tambor da ceifeira-debulhadora com plataformas elevadas.

As sementes são depois limpas, secas, submetidas a uma limpeza secundária e a uma triagem.

15. GRAMÍNEAS FORRAGEIRAS ANUAIS

As gramíneas forrageiras anuais são de grande importância para melhorar a base forrageira, uma vez que estas plantas dão elevados rendimentos de massa verde no ano da sementeira, têm um elevado valor nutritivo e um período vegetativo curto. A maturação da ceifa ocorre em 45-60 dias, o que torna estas culturas indispensáveis em culturas intercalares e em pousios ocupados. São utilizadas para feno, palhada, silagem, massa verde.

15.1. Gramíneas anuais da família das leguminosas

As mais valiosas deste grupo de plantas são as gramíneas leguminosas anuais. São elas a ervilhaca semeada, a ervilhaca musgosa, a ervilha-de-campo (pelyushka), a seradela (Quadros 42, 43). A massa seca da ervilhaca contém até 19% de proteínas, a pelyushka - 19-20, a seradela - 15%. O teor de caroteno na massa verde atinge 56-80 mg/kg.

Tabela 42

Caraterísticas distintivas das sementes de gramíneas leguminosas anuais

Ver	Forma	Colorir	Superfície	Magnitude, mm
Vicia sativa Vicia sativa L.	Globular, esmagado.	Castanho-amarelado a preto, frequentemente com padrões	Com um brilho.	4,5-5
Vicia villosa Roth.	Globular	Preto sem padrão	Mate	3-4
Ervilha forrageira Pisum arvense L,	Redondo, ligeiramente angular, com reentrâncias	Cinzento, castanho, com padrão.	Mate	4-7
Seradela Ornithopus nativus	Segmento de feijão não moído, em forma de barril e achatado	Cinzento esverdeado	Longitudinalmente reticulado e enrugado.	2,7-3

Tabela 43

Caraterísticas distintivas das gramíneas leguminosas anuais

Ver	Folhas	Folhetos	Veia média do folheto	Inflorescência, flores
Vika semeando	Pedúnculos parenais com gavinhas	oblonga, com o ápice obtuso, dentada, ligeiramente pubescente	sobressai do bordo da folha	Flores nas axilas das folhas 2-3, vermelho-púrpura
Vika peludo	O mesmo	Oval-oblonga,	Não	Escova longa,

		fortemente pubescente	sobressai para além do bordo da folha	multiflorada, flores azul-violeta
Ervilhas	Pinadas com antenas e uma grande bráctea com uma mancha vermelha na base	Oval	O mesmo	Flores nas axilas das folhas 2-3, vermelho-púrpura
Seradela	Sem folhas	Oblongo-oval	O mesmo	Pequeno guarda-chuva de 3-5 flores, de cor branco-rosada

Caraterísticas biológicas das gramíneas leguminosas. São plantas de dias longos, pelo que são moderadamente exigentes em termos de calor. A temperatura mínima de germinação das sementes é de +2...+30C, a temperatura óptima é de +150C. Os rebentos resistem a geadas até -5...-60C. A temperatura óptima para a formação da massa vegetativa é de +15...+160C, para o amadurecimento das sementes - +16.+20^{0}C. A soma das temperaturas activas para a formação da massa verde - 900^{0}C (50-60 dias), para a formação do rendimento das sementes - 1900^{0}C (90-100 dias).

Estas plantas adoram a humidade, pelo que são normalmente cultivadas em zonas mais húmidas. A necessidade máxima de humidade é durante o período de brotamento - floração - enchimento de sementes.

Relação com os solos. A ervilhaca de semente tem mais sucesso em solos coesos com boa capacidade de retenção de água, tolera solos ligeiramente ácidos com pH = 5-6,5. A Vika mossy é menos exigente, dá-se bem em solos argilosos e arenosos, por isso é chamada de arenosa. Mas é preferível que o solo contenha muito cálcio, pelo que não tolera solos ácidos. A Seradella pode crescer com sucesso em solos ácidos.

Formas biológicas da ervilhaca: ervilhaca semeada - ervilhaca de primavera, ervilhaca musgosa - ervilhaca de inverno. Mas a ervilhaca musgosa também tem formas primaveris de origem mais meridional. Por exemplo, na região de Altai existe uma variedade de ervilhaca musgosa primaveril Nezhnostebelnaya da seleção ANIISKh, criada com base em variedades selecionadas no Turquemenistão, pelo que se caracteriza por uma maior resistência à seca e tolerância ao sal.

As ervilhas forrageiras não são exigentes para o solo, toleram solos arenosos e turfosos pouco ácidos, mas não crescem em solos húmidos e pantanosos.

Muitas vezes, as ervilhas de semente são cultivadas para massa verde devido à falta de sementes nas explorações agrícolas. No entanto, é preferível utilizar a "pelushka" para este efeito, uma vez que apresenta uma série de vantagens: é mais resistente à seca do que a ervilha de semente, uma vez que tem sementes mais pequenas. Aproveita melhor a precipitação na segunda metade do verão, pois utiliza, em regra, variedades de maturação mais tardia, que têm um maior rendimento de massa verde. O consumo de sementes é menor e a taxa de multiplicação é mais elevada. Quando semeada em mistura com aveia, dá um rendimento mais elevado, pois é menos oprimida pela aveia do que as ervilhas semeadas. Tolera melhor a sombra, pelo que proporciona um teor de proteínas mais elevado na mistura. Além disso, é menos exigente para os solos, menos afetada por doenças e pragas (pulgões).

Tecnologia de cultivo. Nas rotações de campos, estas culturas são semeadas no pousio (para feno e massa verde), nas rotações forrageiras - após as culturas de inverno e de primavera, culturas lavradas. Estas culturas são, por si só, boas precursoras, uma vez que, no início da colheita, eliminam as ervas daninhas dos campos e reduzem o teor de azoto do solo.

Datas de sementeira. Para as sementes, semear no início de maio, para a massa verde - em 2-3 períodos, com um intervalo de 15-20 dias para organizar um tapete verde. Taxas de sementeira de ervilhaca em mistura com aveia: 2-2,5 milhões/ha de sementes germinadas de ervilhaca (110-130 kg/ha) + 1,5-2 milhões/ha de aveia (50-90 kg/ha).

A ervilhaca de inverno é semeada em mistura com o centeio. Mas é melhor não as semear ao mesmo tempo. Duas semanas antes da sementeira do centeio, semear a ervilhaca, pois o seu desenvolvimento é mais lento, e depois o centeio. Taxa de sementeira: 3-4 milhões/ha de ervilhaca musgosa (75-100 kg/ha) + 1,5-2,5 milhões/ha de centeio de inverno (60-80 kg/ha).

A colheita da massa verde pode ser efectuada no início de junho se o centeio predominar na cultura e em julho se a ervilhaca predominar.

Taxa de sementeira para pellets: 1,2 milhões/ha de pellets (150-180 kg/ha) + 2 milhões/ha de aveia (70 kg/ha).

A colheita da ervilhaca para obtenção de massa verde deve ser efectuada durante a fase de frutificação. Isto deve-se ao facto de a ervilhaca acumular apenas 40-45% do rendimento de matéria seca na fase de floração e, ao mesmo tempo, os seus caules engrossarem lentamente e se formarem poucas fibras, ao contrário das gramíneas perenes. A Pelushka também é ceifada durante a fase de frutificação.

15.2. Gramíneas anuais da família das gramíneas azuis

O grupo destas plantas inclui a erva do Sudão, o mogar e o painço forrageiro. Caracterizam-se por uma elevada produtividade. O rendimento do feno pode ser de 5-10 toneladas/ha. O feno contém até 9-10% de proteínas. Em 1 kg de massa verde - até 50-80 mg de caroteno.

Caracterização biológica. Na sua origem, estas culturas são culturas de dias curtos, portanto mais exigentes ao calor e resistentes à seca. °°A temperatura mínima de germinação é de +8...+10 C, a óptima para o crescimento é de +25...+28 C. °Os rebentos morrem com geadas -3 C. A soma das temperaturas ativas para o amadurecimento total das sementes é a seguinte

2000-2300$^{(0)}$C.

O ritmo de desenvolvimento destas plantas coincide com a precipitação nas estepes do sul da Sibéria Ocidental. No início da vegetação, desenvolvem-se lentamente e toleram bem a seca inicial e, com a precipitação de julho, começam a desenvolver-se rapidamente e a formar uma grande biomassa. Estas culturas são mais procuradas na estepe, onde outras culturas forrageiras são menos competitivas.

O Sudanka, o painço e o mogar desenvolvem-se bem em solos de chernozem e de castanheiro. O mogar é menos exigente do que o Sudanka e pode desenvolver-se em solos arenosos e franco-arenosos, bem como em solos franco-argilosos.

Tecnologia de cultivo. Na rotação de culturas, as gramíneas azuis anuais são colocadas depois das leguminosas de grão, do milho e das culturas de inverno.

Estas culturas respondem bem aos adubos orgânicos e minerais, especialmente aos adubos azotados, pois estes aumentam sobretudo o rendimento da massa verde. N45-60P30-45 kg d.w/ha aumentam o rendimento em 20-25%. O potássio é eficaz apenas em solos arenosos e podzolizados.

A lavoura é semelhante à das culturas cerealíferas.

As datas de sementeira são tardias, no final de maio - início de junho, quando o solo aquece até +10^{0}C a uma profundidade de 10 cm e a ameaça de geadas passa. Taxa de sementeira: Sudanka na estepe - 10-15 kg/ha, na floresta-estepe - 25-30; Mogar na estepe - 8-12, na floresta-estepe - 15; painço forrageiro - até 30-35 kg/ha. Profundidade de sementeira - 3-4 cm. O método de sementeira para forragem é a sementeira em linha, para sementes - sementeira em linha larga.

A colheita para forragem é efectuada na fase de rebentação, a uma altura de 7-8 cm. Estas culturas estão em pousio, rebrotam após o corte e uma segunda cultura pode ser colhida se a humidade e os nutrientes forem bem fornecidos.

BIBLIOGRAFIA

1. Agronomia: livro de texto / ed. por N.N. Tretyakov. Moscovo: Academia, 2004. 480 c.
2. Barsukov A.I. Trigo de primavera em Kulunda / A.I. Barsukov. Barnaul: Editora de livros Alt., 1983. 104 c.
3. Cultivo de trigo duro de primavera em Altai Krai: recomendações da Secção Siberiana da Academia Russa de Ciências Agrícolas. Barnaul, 1999. 36 c.
4. Vedrov N.G. Practicum sobre produção vegetal: livro didático / N.G. Vedrov, E.T. Zagorodnaya, E.M. Nesterenko, I.N. Frolov. Krasnoyarsk: Izd-vo Universidade de Krasnoyarsk, 1992. 384 c.
5. Cultivo de girassol por tecnologia industrial: recomendações metodológicas. Novosibirsk, 1984. 45 c.
6. Catálogo estatal de pesticidas e agroquímicos autorizados no território da Federação Russa. 2007.
7. Agricultura na Sibéria: livro didático para universidades / N.V. Yashutin, A.P. Drobyshev; ed. por N.V. Yashutin. Barnaul: Izd-vo AGAU, 2004. 414 c.
8. Leguminosas / ed. por D. Shpaar. Minsk: FAUinform, 2000. 327 c.
9. Culturas de cereais / ed. por D. Shpaar. Minsk: FAUinform, 2000. 342 c.
10. Ilyin V.S. Early maturing maize for grain in Western Siberia / V.S. Ilyin, V.S. Gatsenbiller. Barnaul, 1995. 158 c.
11. Korenev G.V. Cultura de plantas com os fundamentos da criação e produção de sementes / G.V. Korenev. Moscovo: Agropromizdat, 1991. 569 c.
12. Cevada para malte no Altai Krai: método. recomendações / ANIIZiS. Barnaul, 2003. 43 c.
13. Produção de sementes de gramíneas no Altai Krai: método. recomendações / ANIIZiS. Barnaul, 1984. 27 c.

APÊNDICES.

Anexo 1

Máquinas agrícolas

Marca	Decifrar
1	2
KPSH-9, KPSH-5 KPE-3,8 PG-3-5 GUN-4 KPG-250 KPP-2,2 PN-8-35 PKA-2A PON-2-30 PL-5-25 OPT-3-5 KPS-4 KD-6 LDG-15 BD-10 3BZS-1,0 3BP-6,0 3OR-0,7 SHB-2,5 BMSH-15 BSO-4 PAV-6 CVU-2,6 BIG-3 3KK-6A 3KKSH-6A KRN-4,2 USMK-5,4 CON-2.8 STN-2.8	Cultivador- charrua Cortador de lâmina larga Cultivador de controlo da erosão Cortador- charrua desbastador profundo Lubo adubo desbastador Cultivador-cultivador de arado para desbaste profundo Cultivador-cultivador de arado rebocado Arado de oito cantos Máquina combinada de lavoura Arado reversível de arrasto Charrua de cinco cascos Cultivador de relva Cultivador de alta velocidade rebocado Cultivador de disco Grade de discos hidráulica Grade de discos Grade de três secções grade de dentes médios Grade de três secções para sementes Grade de três secções para rayboronka leve Grade Schleif Grade de dentes largos Grade leve Máquina de nivelamento de unidades de cultivo do solo Limpa-neves Rolo Rolo reforçado Grade de agulhas hidrificada Rolo de três secções com anéis Rolo de três elos com anéis e sem-fins Cultivador-plantador montado Desbastador mecânico universal de beterraba Semeador de adubo montado em cultivador Semeador de adubo montado em cultivador
1	2
RUM-8 RMG-4 AIR-20 AIC-12 PS-10 OPSH-15 SZS-2,1 SZP-3,6 PPK-12,4 SKS-3,6 SZU-3,6 SZT-3,6 SKPN-8 SUPN-8 SST-12 STV-12 СК-5 СКД-5 ЖВН-6	Espalhador de fertilizantes Espalhador de fertilizantes Triturador de fertilizantes Unidade móvel para preparação de líquidos de trabalho Tratamento de sementes Опрыскиватель прицепной штанговый Сеялка-культиватор зерновая стерневая Сеялка зерно-туковая прессовая Почвообрабатывающий посевной комплекс Сеялка-культиватор стерневая Сеялка зерно-туковая узкорядная Сеялка зерно-туковая травяная Сеялка кукурузная пунктирная навесная Сеялка универсальная

ППТ-3 PST KZS-20SH	пневматическая навесная Сеялка свекловичная туковая Сеялка точного высева Самоходный комбайн Ceifeira-debulhadora autopropulsora de tambor duplo Ceifeira-debulhadora de rolos Transportador de rede pick-up Colheitadeira para a colheita de sementes de erva Complexo de secagem e limpeza de grãos

Anexo 2

Classificação dos solos em função da disponibilidade de fósforo móvel e potássio permutável, mg/kg de solo

Aprovisionamento	P2O5			K2O		
	segundo Kirsanov, azedo	Ma-chigin, carbonato	segundo Chirikov, não carbonatados	de acordo com Kirsanov, ácido	Ma-chigin, carbonato	segundo Chirikov, não carbonatados
Muito baixo	Menos 25	Menos 10	Menos 20	Menos 40	Menos 50	Menos 20
Baixa	26-50	11-15	21-50	41-80	51-100	21-40
Médio	51-100	16-30	51-100	81-120	101-200	41-80
Elevado	101-150	31-45	101-150	121-170	201-300	81-120
Elevado	151-250	46-60	151-200	171-250	301-400	121-180
Muito elevado	Mais 250	Mais 60	Mais 200	Mais 250	Mais 400	Mais 180

Anexo 3

Fornecimento de azoto facilmente hidrolisável no solo (mg/kg de solo) dependendo do pH do solo

Aprovisionamento	pH inferior a 5,0	pH 5-6	pH superior a 6
Muito baixo	50	40	40
Baixa	70	60	50
Médio	70-100	60-80	60-70
Elevado	Mais de 100	Mais de 80	Mais de 70

Anexo 4

Remoção de nutrientes de 1 kg de cultura principal e subprodutos relevantes de culturas agrícolas, kg

Cultura	N	P2O5	K2O
Trigo de inverno	3,5	1,2	2,6
Centeio de inverno	3,0	1,2	2,8
Trigo de primavera	3,8	1,2	2,5
Cevada	2,7	1,1	2,4
Aveia	3,0	1,3	2,9
Milho	3,4	1,2	3,7
painço	3,3	1,0	3,4
Trigo mourisco	3,0	1,5	4,0
Ervilhas	3,0	1,6	2,0
Girassol	6,0	2,6	18
Linho comprido	8,0	4,0	7,0
Batatas	0,6	0,2	0,9
Beterraba sacarina	0,59	0,18	0,75
Ervilhas + aveia para forragem verde	0,3	0,14	0,5
Milho para silagem	0,25	0,12	0,45

Anexo 5

Coeficientes de utilização dos elementos nutritivos do solo e dos fertilizantes

Cultura	Taxas de utilização do solo			Taxas de utilização de fertilizantes minerais		
	N	P	K	N	P	K
Centeio de inverno	0,25	0,1	0,13	0,65	0,32	0,7
Trigo de primavera	0,3	0,12	0,1	0,7	0,35	0,68
Cevada	0,2	0,07	0,08	0,55	0,24	0,65
Aveia	0,3	0,13	0,1	0,7	0,4	0,8
Milho	0,35	0,15	0,33	0,85	0,35	0,95
Beterraba sacarina	0,3	0,1	0,3	0,76	0,25	0,8
Batatas	0,2	0,05	0,13	0,6	0,2	0,8

MIX
Papier aus verantwortungsvollen Quellen
Paper from responsible sources
FSC® C105338

Printed by Books on Demand GmbH, Norderstedt / Germany